凝眸

红色建筑遗产

宋昆　王鑫　编著

天津大学出版社
TIANJIN UNIVERSITY PRESS

图书在版编目（CIP）数据

凝眸 ：红色建筑遗产 / 宋昆，王鑫编著. -- 天津 ：天津大学出版社，2025. 5. -- （天津大学社会科学文库）. -- ISBN 978-7-5618-8025-8

Ⅰ. TU-87

中国国家版本馆 CIP 数据核字第 2025UK2760 号

NINGMOU — HONGSE JIANZHU YICHAN

策划编辑　郭　颖
责任编辑　郭　颖
装帧设计　谷英卉

出版发行　天津大学出版社
地　　址　天津市卫津路 92 号天津大学内（邮编：300072）
电　　话　022-27403647
网　　址　www.tjupress.com.cn
印　　刷　北京华联印刷有限公司
经　　销　全国各地新华书店
开　　本　710mm×1010mm　1/16
印　　张　19.25
字　　数　270 千
版　　次　2025 年 5 月第 1 版
印　　次　2025 年 5 月第 1 次
定　　价　92.00 元

审 图 号　GS（2022）3494 号

序

在全党开展党史学习教育之际，天津大学建筑学院的师生们，历时一年多的时间，到党发展历程中关键节点的建筑遗址进行了考察、测绘、调研。这些风格、年代各异的建筑，在岁月中散发着历久弥新的魅力，让我们在感受建筑之美的同时，自然地亲近历史，接受党史的教育。

我在福建工作时，曾多次到长汀、上杭、永定等地，瞻仰革命遗址，回顾党艰苦卓绝的奋斗历程。在烽火岁月中，无数革命先烈和老区人民用鲜血铸就了厚重的红色文化，孕育了苏区精神等一系列红色精神。仅福建就有2500多处红色革命遗址，留下了丰富的红色资源，至今仍灿若繁星。

每一次凝眸历史，都是一次精神洗礼。今天，这些“95后”“00后”的学生们，再次踏上寻根之旅。他们精心设计了“导览”线路，对全国星罗棋布的红色资源进行了梳理，用建筑语言讲述党史故事、革命故事、英雄故事，让一幢幢红色建筑“活”了起来，带领更多师生走近党的百年伟大历程。同时，他们也在这个过程中受到了思想洗礼、坚定了理想信念。讲好红色故事不是一件简单的工作，我们要深挖精神内核，创新方式方法，增强思政教育的穿透力、感染力和向心力，让红色资源成为立德树人最生动的教材，为培养时代新人立根铸魂。

风雨百年，青史可鉴。一座红色建筑，就是一段浓缩的历史、一种精神的传承，这些红色建筑汇聚成我们党的红色血脉。每当我们踏上革命故地、红色热土，重温这些伟大历史，心中就会增加很多正能量，学习党史、感悟党史，要把红色基因传承好，用党的初心和使命激励今天的年轻师生踔厉奋发、接续奋斗，努力成长为新时代的奋进者和追梦人。

天津大学党委书记

杨贤金

2022年3月

前言

联合国教科文组织将全人类公认的具有突出意义和普遍价值的文物古迹及自然景观称为世界遗产。世界遗产既包括文化遗产也包括自然遗产。其中文化遗产又分为物质文化遗产和非物质文化遗产。物质文化遗产一般专指“有形”的文化遗产，或称为文物。文物又分为可移动文物和不可移动文物。我国将不可移动文物分为古遗址、古墓葬、古建筑、石窟寺及石刻、近现代重要史迹及代表性建筑和其他等六大类。按照保护的等级又分为全国重点文物保护单位、省级重点文物保护单位和市县重点文物保护单位三大类（图 1）。

根据我国有关部门界定，红色文化遗产是指从中国共产党成立至新中国成立前夕 28 年的历史阶段内，包括中央革命根据地、红军长征、抗日战争、解放战争时期的重要革命纪念地、纪念馆、纪念物及其所承载的革命精神。顾名思义，红色建筑遗产则是指中国共产党在新民主主义革命时期重要历史事件的发生地及其相关的建筑物。这些红色建筑遗产大都作为近现代重要史迹及代表性建筑而被列为全国重点文物保护单位。

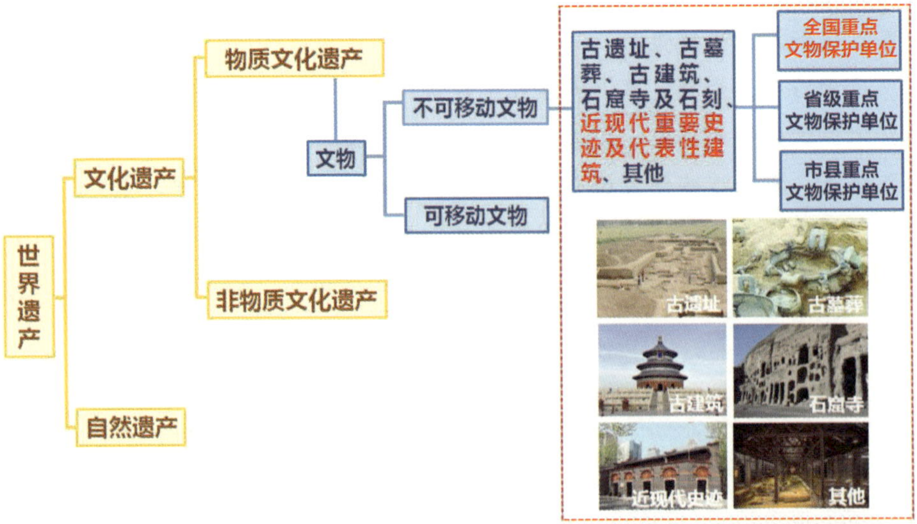

图 1 世界遗产与建筑文物

从 1961 年至 2019 年，国务院公布了八批 5053 处全国重点文物保护单位，其中有 943 处近现代重要史迹及代表性建筑（不包含合并项目），有 240 处与中共党史相关（不包含领袖、英雄人物的故居等），标志着中国共产党从成立到新中国建立的 28 年间所走过的历程和轨迹（图 2、图 3）。

2021 年是党史学习教育年，开展党史学习教育中一项很重要的内容就是要了解和铭记中国共产党百年奋斗的光辉历程，而党史的发展历程则离不开重要历史事件的发生地及其相关的建筑物的承载。因此对于红色建筑遗产的深入了解和认知是开

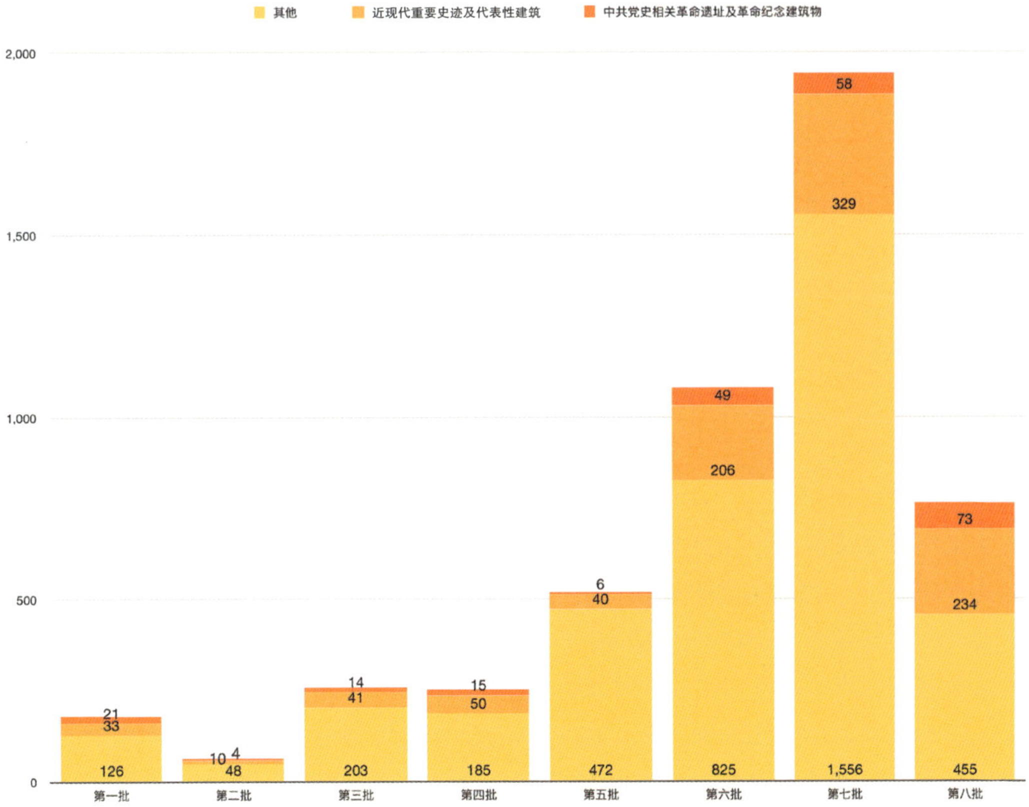

图 2　八批全国重点文物保护单位的构成与数量

前言

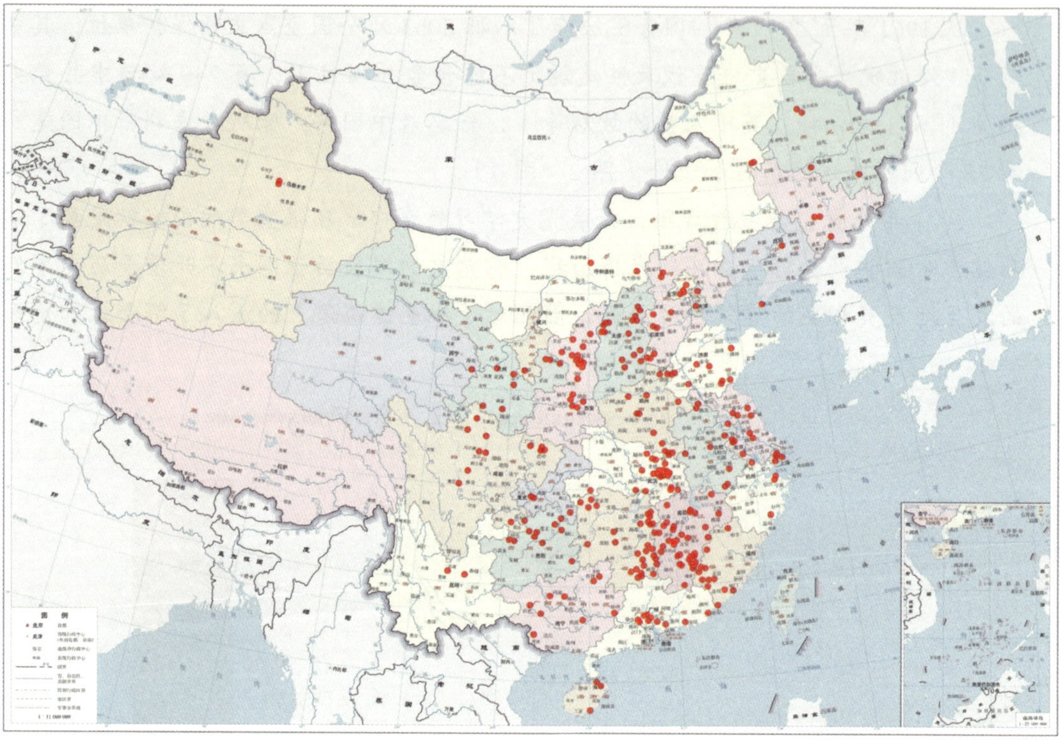

图 3 240 处与中共党史相关的全国重点文物保护单位分布

展党史学习教育的一个重要途径。在天津大学党委宣传部、社科处和建筑学院党委的支持和组织下，建筑学院部分师生选取了在中国共产党发展史上的重要事件发生地、重要会议会址等 50 处红色遗产，进行了实地考察和建筑踏勘（图 4），历时一年多的时间凝结成这本《凝眸——红色建筑遗产》。

本书从建筑学专业出发，以红色建筑遗产为视角和出发点，系统梳理了中国共产党在新民主主义革命时期的发展脉络，包括中国共产党建立、中央革命根据地、红军

图 4 书中收录的 50 处红色建筑遗产分布

长征、抗日战争、解放战争等各个时期的行动轨迹。从上海到南昌，从江西瑞金到贵州遵义，从陕北延安到河北西柏坡，天津大学建筑人以地图、老照片、绘画、平面图、实景照片等形式，详细介绍了红色建筑遗产的坐落地点、空间格局、风格特色、室内布置、细部装饰等内容。一张张照片、一幅幅画作都记载着一个个动人故事、一处处历史节点，映射出共产党人的初心和使命。读者可以从中了解建党历史，收获革命知识，坚定理想信念，对于党史学习和建筑专业学习都能有所裨益。

目录

中国共产党第一次全国代表大会会址

中国共产党第一次全国代表大会会址

史实：中国共产党第一次全国代表大会

时间：1921 年 7 月 23 日 至 30 日

现址：上海市黄浦区兴业路 76 号

文保：1961 年被列为第一批全国重点文物保护单位

毛泽东曾在《论人民民主专政》中说："十月革命一声炮响，给我们送来了马克思列宁主义。""中国无产阶级的先锋队，在十月革命以后学了马克思列宁主义，建立了中国共产党。"

1917年11月7日，列宁领导的俄国布尔什维克武装力量，推翻了资产阶级临时政府，建立了苏维埃政权。由此诞生了世界上第一个社会主义国家，推动了国际共产主义运动的发展，鼓舞了殖民地半殖民地人民的解放斗争。

1919年3月，在列宁领导下成立了共产国际（即"第三国际"），任务是宣传马克思主义，团结世界各国工人阶级和广大劳动人民，为推翻资产阶级的统治，建立无产阶级专政而斗争。

1920年4月，共产国际代表维经斯基受命组建中国共产党，相继与北京的李大钊和上海的陈独秀取得联系。1920年8月和10月，在陈独秀、李大钊的领导下上海、北京分别成立了中国共产党早期组织。至1921年初，国内多地和东京、巴黎相继建立了中国共产党早期组织。

1921年7月23日，中国共产党第一次全国代表大会（简称"中共一大"）在上海法租界望志路106号（今兴业路76号）正式召开。出席代表共13人：上海的

《曙光——中国共产党成立》，石奇人，油画，330 cm × 188 cm，藏于上海市历史博物馆

李汉俊、李达，武汉的董必武、陈潭秋，长沙的毛泽东、何叔衡，济南的王尽美、邓恩铭，北京的张国焘、刘仁静，广州的陈公博，旅日的周佛海，陈独秀指定的包惠僧，以及共产国际代表马林和共产国际远东书记处代表尼克尔斯基，代表了全国50多名党员。陈独秀在广州、李大钊在北京皆因事务繁忙，未出席会议。

7月30日晚，法租界巡捕房密探突然闯入，会议被迫中断。31日清晨，代表们分批转移到浙江嘉兴南湖的一艘游船上召开了最后一天的会议。

大会通过了中国共产党的第一个纲领，确定了党的名称、奋斗目标、基本政策，提出了发展党员、建立地方和中央机构等组织制度，兼有党纲和党章的内容，是党的第一个正式文献。党的一大决定设立中央局作为中央的临时领导机构，选举产生了以陈独秀为书记的中央局。

中国共产党第一次全国代表大会的召开标志着中国共产党正式成立。从此，在古老落后的中国出现了完全新式的、以马克思列宁主义

《启航——中共一大会议》，何红舟、黄发祥，油画，270cm × 550cm，藏于中国美术馆

中共一大会址平面图（会场位于二楼）

为行动指南的、以实现社会主义和共产主义为奋斗目标的统一的无产阶级政党。这是中国历史上开天辟地的大事变。

中共一大会址于1951年踏勘确认，1952年成立中共一大纪念馆，当时称上海革命历史纪念馆第一馆。1952年9月，中共一大会址复原布置就绪，实行内部开放。

中共一大会址所在的树德里房屋建于 1920 年秋，共 2 排 9 幢二层楼房。后排 4 幢为黄陂南路（原贝勒路）374 弄 1~4 号，前排 5 幢房屋为兴业路 70~78 号（望志路 106 号、108 号）。房屋建成后不久，李汉俊及其兄李书城租用兴业路 76 号、78 号为寓所，将两幢房屋的内墙打通，成为一家，人称“李公馆”。其中中共一大会址即在前排的兴业路 76 号（原望志路 106 号），亦即西端第二开间的二楼。

树德里建筑为砖木结构，坐北朝南，清水外墙，青红砖交错。门楣上部有矾红色拱形堆塑花饰，门框围以米黄色石条，黑漆大门上配有铜环，是上海典型的石库门建筑。

中共一大会址和纪念馆鸟瞰

1961 年 3 月 4 日，中华人民共和国国务院公布中共一大会址为第一批全国重点文物保护单位。

1997 年 6 月 11 日，中共中央宣传部命名中共一大会址纪念馆为首批全国爱国主义教育示范基地。

2005 年，国家发展和改革委员会将包括中共一大会址纪念馆在内的上海红色旅游系列景区（点）列入《全国红色旅游经典景区第一批名录》。

2021 年 6 月 9 日，文化和旅游部将上海市中国共产党一大、二大、四大纪念馆景区评为国家 AAAAA 级旅游景区。

中共一大会址

树德里两排房屋之间的里弄

中共一大会场复原

树德里建筑门楣上部拱形堆塑花饰

中国共产党第二次全国代表大会会址

中国共产党第二次全国代表大会会址

史实：中国共产党第二次全国代表大会

时间：1922 年 7 月 16 日至 23 日

现址：上海市静安区老成都北路 7 弄 30 号

文保：2013 年被列为第七批全国重点文物保护单位

1922年7月16日至23日，中国共产党第二次全国代表大会（简称“中共二大”）在上海南成都路辅德里625号（今老成都北路7弄30号）召开。出席会议的代表共12名：中央局委员陈独秀、张国焘、李达，上海的杨明斋，北京的罗章龙，山东的王尽美，湖北的许白昊，湖南的蔡和森，广州的谭平山，中国劳动组合书记部代表李震瀛，中国社会主义青年团临时中央局代表施存统，有一名代表姓名不详。代表全国195名党员。

大会共进行了八天，举行了三次全体会议。陈独秀主持大会，并代表中央局向大会作一年来的工作报告；张国焘报告出席远东各国共产党及民族革命团体第一次代表大会的经过以及第一次全国劳动大会的情况；施存统报告社会主义青年团第一次全国代表大会的情况。

大会讨论了党的任务，通过了《中国共产党第二次全国代表大会宣言》《中国共产党章程》以及《关于“民主的联合战线”的议决案》等九个决议案。大会正式决定加入共产国际，成为共产国际的一个支部。大会选举产生了中央执行委员会，陈独秀、张国焘、蔡和森、高君宇、邓中夏被选为中央执行委员，另选出三名候补执行委员。陈独

《中国共产党第二次全国代表大会第一次全体会议》，俞晓夫，油画，4.3 m × 2.3 m，藏于中共二大会址纪念馆

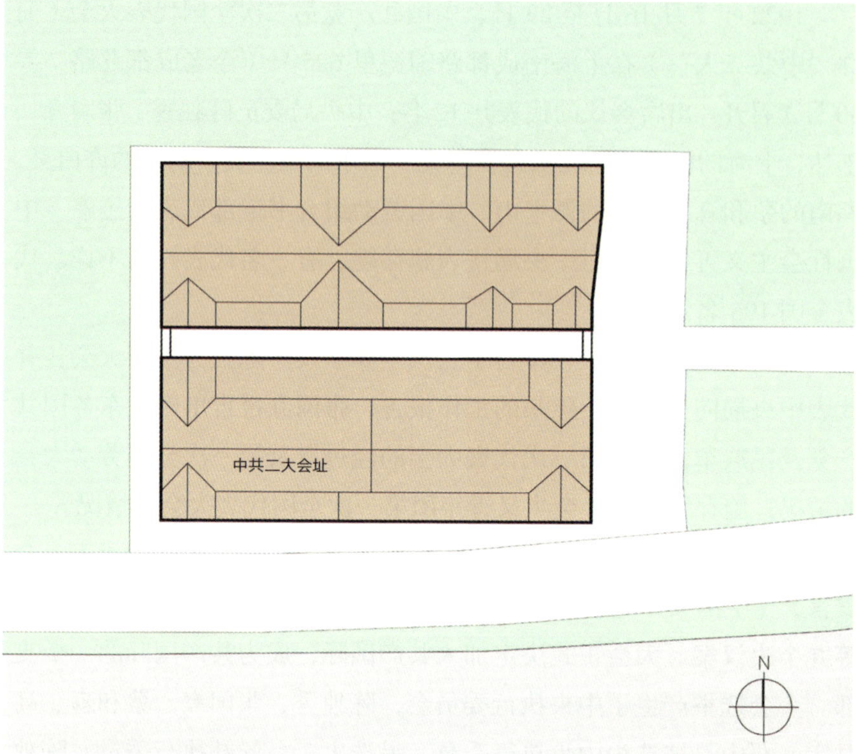

中共二大会址建筑平面图

秀被选为中央执行委员会委员长，蔡和森、张国焘分别负责党的宣传和组织工作。大会根据世界革命形势和中国政治经济状况，制定了党的最高纲领和最低纲领。

中共二大在中国近代史上第一次明确地提出了反帝反封建的民主革命纲领，指明了中国人民革命斗争的方向，对中国革命具有重大的、深远的意义。

二大会址这幢始建于1915年的石库门建筑，是当时党的中央局宣传主任李达的寓所。1959年，经上海市人民委员会核准被公布为上海市级文物保护单位。2001年，静安区委、区政府对中共二大会议旧址进行修复。2002年，建立纪念馆并正式对外开放。

中共二大会址纪念馆为两排东西走向的石库门里弄住宅建筑，砖木结构，建筑面积约2282平方米，基本保留了始建时的建筑风貌。

纪念馆展区面积1170平方米，由序厅、中共二大展厅、党章历程厅、中共二大会议旧址、平民女校旧址展厅、临时展厅六个展区组成。中共二大会议旧址中的摆设根据李达及其夫人王会悟的回忆重新布置。

中共二大会址鸟瞰

2009 年 5 月 21 日，中共中央宣传部公布中共二大会址纪念馆为第四批全国爱国主义教育示范基地。

2011 年 1 月，国家发展和改革委员会将中共二大会址纪念馆列入《全国红色旅游经典景区第二批名录》。

2013 年 3 月 5 日，中华人民共和国国务院公布中共二大会址为第七批全国重点文物保护单位。

2021 年 6 月 9 日，文化和旅游部将上海市中国共产党 一大、二大、四大纪念馆景区评为国家 AAAAA 级旅游景区。

中共二大会址正立面

中共二大会址里弄入口

中共二大会址会场复原

中国共产党第三次全国代表大会会址

中国共产党第三次全国代表大会会址

史实：中国共产党第三次全国代表大会

时间：1923 年 6 月 12 日至 20 日

现址：广东省广州市越秀区恤孤院路 3 号

文保：2013 年被列为第七批全国重点文物保护单位

1923年6月12日至20日，中国共产党第三次全国代表大会（简称“中共三大”）在广州东山恤孤院路31号（现恤孤院路3号）召开。陈独秀、李大钊、毛泽东、蔡和森、陈潭秋、恽代英、瞿秋白、张国焘、李立三、项英等来自全国各地及莫斯科的代表30多人出席大会，他们代表了全国420名党员。共产国际代表马林参加了会议。陈独秀主持会议并代表第二届中央执行委员会作报告。

大会的主要议程有三项：一、讨论党纲草案；二、讨论同国民党建立革命统一战线问题；三、选举党的中央执行委员会。

大会接受共产国际关于中国共产党与国民党进行合作的指示，通过了《中国共产党第三次全国代表大会宣言》等文件。这些文件指出：党在现阶段“应该以国民革命运动为中心工作”，共产党员以个人身份加入国民党，采取党内合作的形式同国民党建立联合战线。这既有利于对国民党的改造，又有利于共产党走上更广阔的政治舞台得到锻炼和发展。

1924年1月20日至30日，中国国民党第一次全国代表大会在广州举行，事实上确立了联俄、联共、扶助农工的三大政策，改组国民党，实现第一次国共合作。1924年1月至1927年7月第一次国共合作破裂，是第一次国内革命战争时期，亦称国民革命时期或大革命时期，中国人民在中国共产党和中国国民党合作领导下进行反对帝国主义、反对北洋军阀的斗争。在中国共产党的积极参与和努力下，大革命风暴迅速席卷

《中共三大》，孙洪敏、赵红雨、方瑞，2006年，油画，藏于中共三大纪念馆

全国。

中共三大会址的房屋毁于 1938 年 10 月侵华日军飞机对广州的轰炸中，中共三大代表徐梅坤 1972 年到广州始确认基址位置。中共三大会址为一幢二层楼，门临大街，坐西向东，砖木结构，人字瓦顶，是典型旧式广州民居形式。

2006 年 1 月，考古勘查发现了中共三大会址部分红阶砖地面，现以玻璃覆盖对原址的石阶遗迹进行保护展示。2006 年 7 月 1 日，中共三大会址正式修复开放，由中共三大会址遗址广场、中共中央机关旧址——春园、中共三大历史陈列馆组成。

2009 年 5 月 22 日，中共中央宣传部公布中共三大会址纪念馆为第四批百个爱国主义教育示范基地。

2013 年 5 月 3 日，中华人民共和国国务院公布中共三大会址为第七批全国重点文物保护单位。

中共三大会址复原模型

中共三大会址纪念馆

中共三大会址遗址

中国共产党第四次全国代表大会会址

中国共产党第四次全国代表大会会址

史实：中国共产党第四次全国代表大会

时间：1925 年 1 月 11 日至 22 日

现址：上海市虹口区东宝兴路 254 弄 28 支弄 8 号

文保：1987 年 11 月 17 日被列为上海市革命纪念地

中国国民党第一次全国代表大会于 1924 年 1 月 20 日至 30 日在广州举行，标志着第一次国共合作的正式形成。

为了总结国共合作一年来的经验，加强对革命运动的领导，回答党所面临的许多新问题，中国共产党第四次全国代表大会（简称“中共四大”）于 1925 年 1 月 11 日至 22 日在上海召开。出席会议的代表有陈独秀、蔡和森、瞿秋白、谭平山、周恩来、彭述之、张太雷、陈潭秋、李维汉、李立三、王荷波、项英、向警予等 20 人，代表全国 994 名党员。共产国际代表维经斯基参加了大会。陈独秀代表第三届中央执行委员会作工作报告。

大会围绕当前的中心工作，通过了《中国共产党第四次全国代表大会宣言》《对于民族革命运动之议决案》等 11 个决议。这次大会对中国革命的一些基本问题进行了比较系统的探讨，在党的历史上第一次明确提出无产阶级在民主革命中的领导权和工农联盟问题，对党

《表决》，张培楚，中国画，藏于中共四大纪念馆

的不断发展壮大起到了积极的推动作用。大会修改了党章，选举陈独秀、李大钊、蔡和森、张国焘、项英、瞿秋白、彭述之、谭平山、李维汉为中央执行委员会委员。陈独秀任中央执行委员会总书记兼中央组织部主任，彭述之任中央宣传部主任，张国焘任中央工农部主任，蔡和森、瞿秋白任中央宣传部委员，以上 5 人组成中央局。

1925 年 10 月，第四届中共中央执行委员会扩大会议决定设立中央军事部，张国焘兼任部长；1926 年 2 月，中共中央在北京召开特别会议，随后成立中共中央军委。

中共四大以后，全国反帝反封建的工农运动、学生运动和妇女运

中共四大会址复原模型

动得到迅猛发展。党的队伍也迅速发展壮大。党员人数从中共四大召开前的 994 人，发展到中共五大召开前的 57967 人。中国共产党已成为全国各地革命运动的领导核心。

中共四大会址在虹口区东宝兴路 254 弄 28 支弄 8 号（原闸北区横浜路 6 号），原为坐西朝东的砖木结构假三层石库门民居，毁于 1932 年“一·二八”事变。

1987 年 11 月 17 日，上海市人民政府公布中共四大遗址为上海市革命纪念地。1995 年上海市文物管理委员会在遗址处勒石纪念。

中共四大遗址纪念石

中共四大史料陈列馆

中共四大纪念馆

中共四大纪念馆鸟瞰图

2006 年，虹口区在多伦路 215 号建立了中共四大史料陈列馆，同年 7 月 1 日正式对外开放。

2011 年，虹口区委、区政府在市委、市政府的支持下，择址四川北路 1468 号筹建中共四大纪念馆，2012 年 9 月 7 日正式开馆。

异地重建的中共四大纪念馆，一方面弥补了中共四大史料陈列馆规模较小的遗憾，另一方面还弥补了新中国成立前召开的六次代表大会唯有四大没有建立正式纪念馆的遗憾。

2021 年 6 月 9 日，文化和旅游部将上海市中国共产党一大、二大、四大纪念馆景区评为国家 AAAAA 级旅游景区。

中国共产党第五次全国代表大会会址

中国共产党第五次全国代表大会会址

史实：中国共产党第五次全国代表大会

时间：1927 年 4 月 27 日至 5 月 9 日

现址：武汉市武昌区都府堤街 20 号

文保：2013 年被列为第七批全国重点文物保护单位

1927 年，蒋介石在上海发动“四一二”反革命政变，反动派大肆捕杀共产党人和革命群众，大革命遭到了局部的严重失败。此后，中国一时形成三个政权对峙的局面，即张作霖控制的北京政府、以汪精卫为首的武汉国民政府和蒋介石另立的南京国民政府。在大革命生死存亡的紧急关头，1927 年 4 月 27 日至 5 月 9 日，中国共产党第五次全国代表大会（简称“中共五大”）在武汉召开。

出席大会的代表有陈独秀、蔡和森、瞿秋白、毛泽东、任弼时、刘少奇、邓中夏、张国焘、张太雷、李立三、李维汉、陈延年、彭湃、方志敏、恽代英、罗亦农、项英、董必武、陈潭秋、苏兆征、向警予、蔡畅、向忠发、罗章龙、贺昌、阮啸仙、王荷波、彭述之等 82 人，代表全国 57967 名党员。共产国际代表罗易、多里奥、维经斯基参加大会。国民党代表团到会祝贺。汪精卫应邀列席了一天会议。

陈独秀代表第四届中央执行委员会向大会作了《政治与组织的报告》，涉及中国各阶级、土地、无产阶级领导权、军事、国共两党关系等 11 个问题。中共五大既没有正确总结经验教训，又没有提出挽救时局的方略，反而继续提出一些错误主张。

大会通过了《政治形势与党的任务议决案》《土地问题议决案》《职工运动议决案》《组织问题议决案》等决议案，选出了由 31 名正式委员和 14 名候补委员组成的党的中央委员会。随后举行的五届一中全会选举陈独秀、蔡和森、李维汉、瞿秋白、张国焘、谭平山、李立三、周恩来为中央政治局委员，选举陈独秀、张国焘、蔡和森为中央政治局常务委员会委员，陈独秀为总书记。

中共五大会场（图片来源：杨庆旺，《中共重要会议会址考察记》，北京，中共党史出版社，2012）

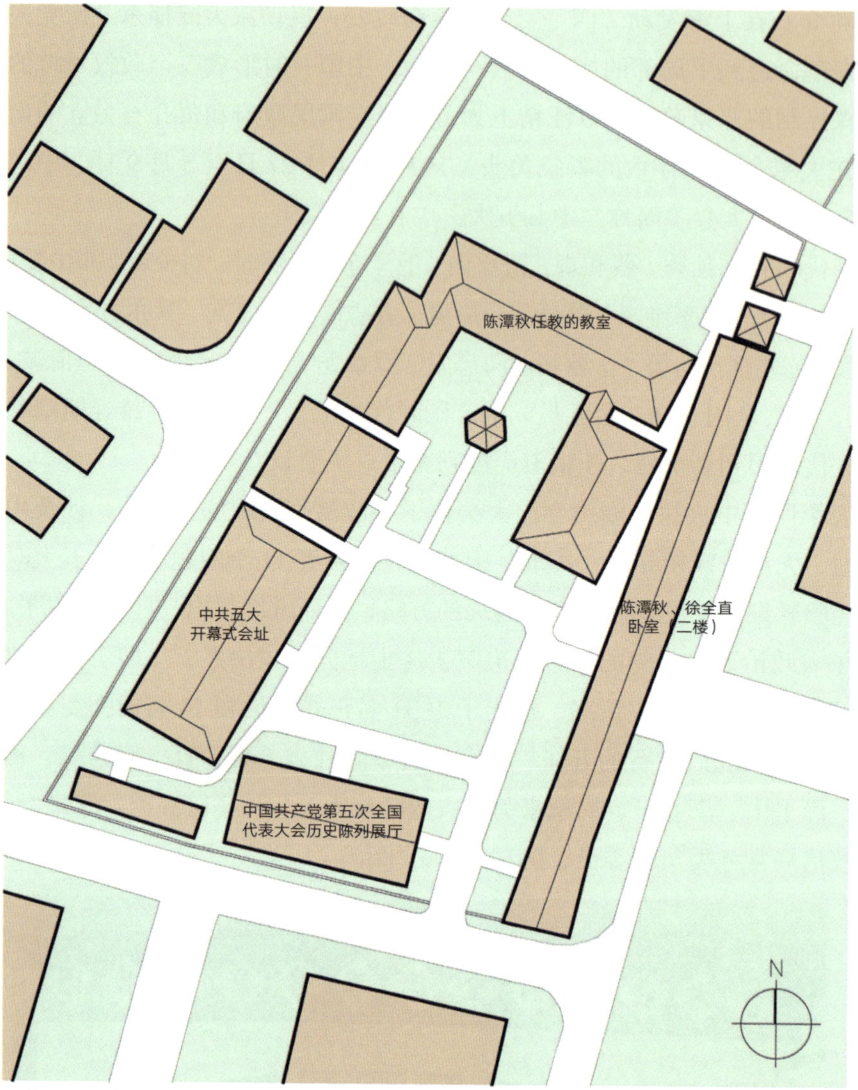

中共五大开幕式会址——武昌高等师范附属小学平面图

中共五大开幕式会址原为武昌高等师范附属小学（简称“武昌高师附小”），始建于1918年，占地面积约7 700平方米，建筑面积约3 611平方米。内有五栋中西结合的砖木结构建筑，即临街门楼、马蹄形教学楼、小礼堂、风雨操场和教工宿舍。

武昌高师附小为中西合璧式建筑群。学校沿街为二层门楼，为西方古典主义风格，上有巴洛克式雕饰。中共五大开幕式会址原为小学

武昌高等师范附属小学鸟瞰图

的风雨操场，建筑二楼为教工宿舍。建筑朝向东南，屋面用小青瓦，外墙为石灰勾缝的清水青砖墙，廊柱、门窗均为国漆油饰。风雨操场在 20 世纪 60 年代被拆除，后于 2007 年重建，保留了原建筑的历史风貌，其中廊柱原为暗红色木柱，后改建为混凝土仿木结构。1927 年 4 月 27 日，中共五大在此举行开幕式，之后大会在汉口黄陂会馆继续进行（会址已毁）。

武昌高等师范附属小学校门

1983 年，中共五大会址正式对外开放。2006 年，相关部门开始筹建中共五大会址纪念馆。2007 年 11 月，纪念馆建成开放。

2013 年 5 月 3 日，中华人民共和国国务院公布中共五大旧址为第七批全国重点文物保护单位。

2021 年 6 月 19 日，中共中央宣传部公布中共五大会址纪念馆为第七批百个爱国主义教育示范基地。

中共五大开幕式会址

中共五大开幕式会场

八一南昌起义指挥部旧址

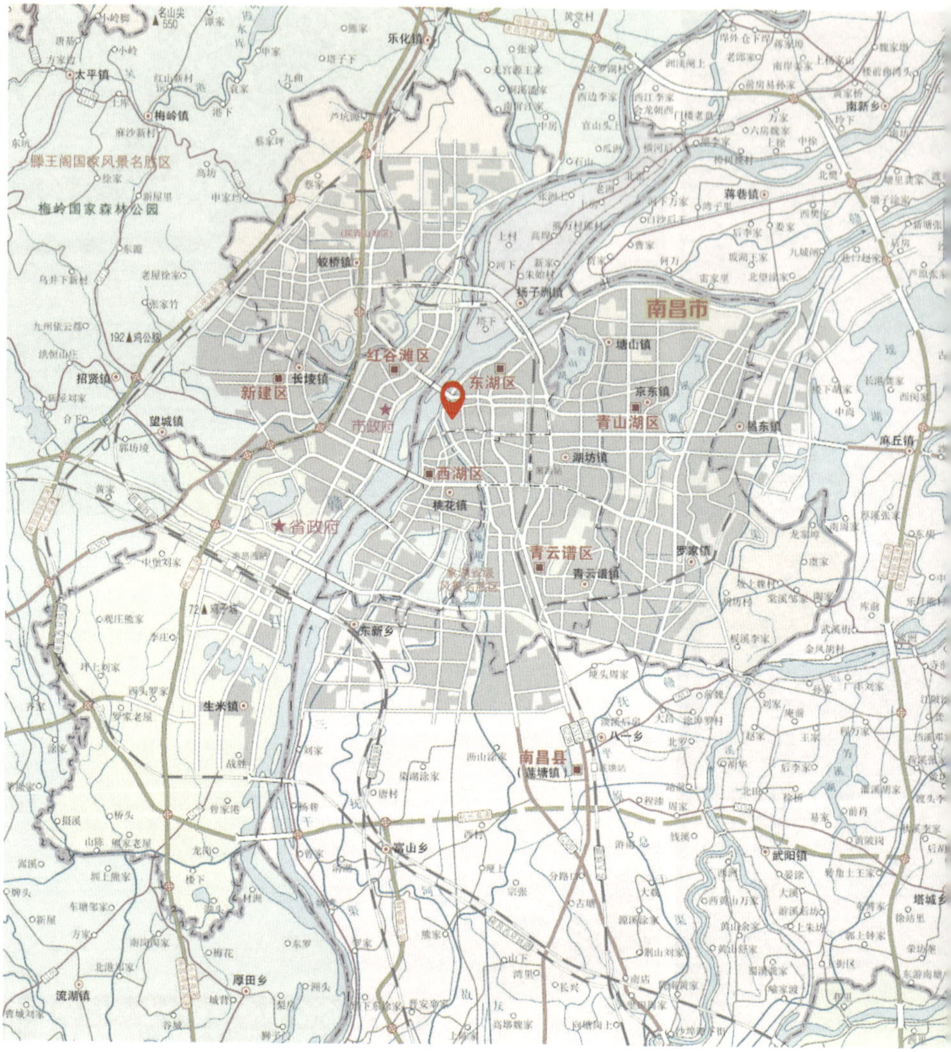

八一南昌起义指挥部旧址

史实：中国共产党领导的反抗国民党反动派的武装起义

时间：1927 年 8 月 1 日

现址：江西省南昌市西湖区中山路 380 号

文保：1961 年被列为第一批全国重点文物保护单位

1927年4月12日和7月15日，蒋介石、汪精卫先后在上海、武汉发动反革命政变，实行“清党”“分共”，反动派大肆逮捕和屠杀共产党人和革命群众。国共合作全面破裂，大革命最终失败。

1927年7月12日，根据共产国际执行委员会的指示，在鲍罗廷的主持下，张国焘、李维汉、李立三、周恩来和张太雷五人在汉口成立中共中央临时政治局常务委员会，代行中央政治局的职权，陈独秀被停职。12日至26日，中共中央临时政治局常委会连续召开几次会议，主要作出了三项决策：决定武装反抗国民党，计划在国民革命军第四集团军第二方面军中发动军事暴动；决定独立领导农民进行土地革命，在中国共产党力量较强，工农运动基础较好的湘、鄂、赣、粤四省举行秋收暴动；决定召开一次中央紧急会议，总结大革命失败的经验教训，确定党在新的历史时期领导革命运动的方针和政策。

7月27日，在江西省南昌市，江西大旅社被整个租下来，作为起义总指挥部，并在江西大旅社的喜庆礼堂成立了由周恩来、李立三、恽代英、彭湃四人组成的前

《欢呼胜利》，黎冰鸿，1977年，油画，藏于南昌八一起义纪念馆

八一南昌起义总指挥部旧址——江西大旅社

敌委员会，周恩来任书记。当时在国民革命军第四集团军第二方面军中，中国共产党掌握着以贺龙为军长的第二十军、以叶挺为副军长的第十一军第二十四师、以周士弟为师长的第四军第二十五师以及朱德领导的第五方面军第三军军官教育团一部和南昌市公安局保安队等，共计两万余人。贺龙为起义军总指挥，叶挺为前敌总指挥，刘伯承任参谋团团长。7月31日中午，前敌委员会在江西大旅社喜庆礼堂作出决断，于8月1日凌晨4时举行起义。

1927年8月1日，周恩来、贺龙、李立三、叶挺、朱德、刘伯承、谭平山等联合国民党左派领导了武装起义，打响了武装反抗国民党反动派的第一枪，标志着中国共产党独立领导革命战争、创建人民军队和武装夺取政权的开端。

起义军经过四个多小时的战斗，占领了南昌城。

随后，根据中央的计划，起义军撤离南昌，南下广东。革命委员会和起义军领导人分散转移。起义军主力部队在朱德、陈毅率领下，转战闽粤赣湘边。最后保存

江西大旅社

起义军约800人，经过“赣南三整”、湘南起义后，于1928年4月与毛泽东领导的湘赣边界秋收起义部队在井冈山会师，组成工农革命军第四军。

1933年7月11日，中华苏维埃共和国临时中央政府将8月1日确定为中国工农红军成立纪念日。从此，8月1日成为中国工农红军和后来的中国人民解放军的建军节。

南昌起义总指挥部旧址原为江西大旅社，始建于1922年，1924年建成。建筑坐南朝北，占地面积1 200平方米，建筑面积4 800平方米，共96个房间。平面呈“回”字形，中部为天井。

建筑为砖木结构，外观呈银灰色，为中西合璧式建筑。主体建筑共四层，平台屋顶的中央有两层小楼和一根旗杆，可凭栏鸟瞰南昌全城，是当时南昌最高大、豪华的旅社。

1956年，在南昌起义指挥部旧址内筹建南昌八一起义纪念馆。1959年10月1日，南昌八一起义纪念馆正式对外开放。

江西大旅社内天井

指挥部旧址一层按原貌恢复了当年曾举行领导会议的喜庆礼堂。喜庆礼堂左右两侧各有两个房间，包括两个警卫连住房、战利品存放室以及卫生队救护室。二层北侧是中餐厅，是起义参加者碰头会面、交流情况、商讨工作的重要场所。西侧是宿舍，东侧是餐厅和工作室，各有十个房间。南侧分为三个房间，中间是小会议室，会议室左侧是周恩来办公和休息的25号房间，会议室右侧是革命委员会财政委员会主席林伯渠的办公室兼卧室的20号房间。三层为展厅。四层为馆内工作人员办公室。

1961年3月4日，中华人民共和国国务院公布南昌起义指挥部旧址为第一批全国重点文物保护单位。

1997年6月11日，中共中央宣传部公布南昌八一起义纪念馆为全国首批爱国主义教育示范基地。

中共前敌委员会会议室——喜庆礼堂

二楼的中餐厅

2005年，国家发展和改革委员会将包括南昌八一起义纪念馆在内的南昌市红色旅游系列景区（点）列入《全国红色旅游经典景区第一批名录》。

2008年5月5日，国家旅游局公布南昌八一起义纪念馆为国家AAAA级旅游景区。

小会议室

周恩来的办公室和休息室

八七会议会址

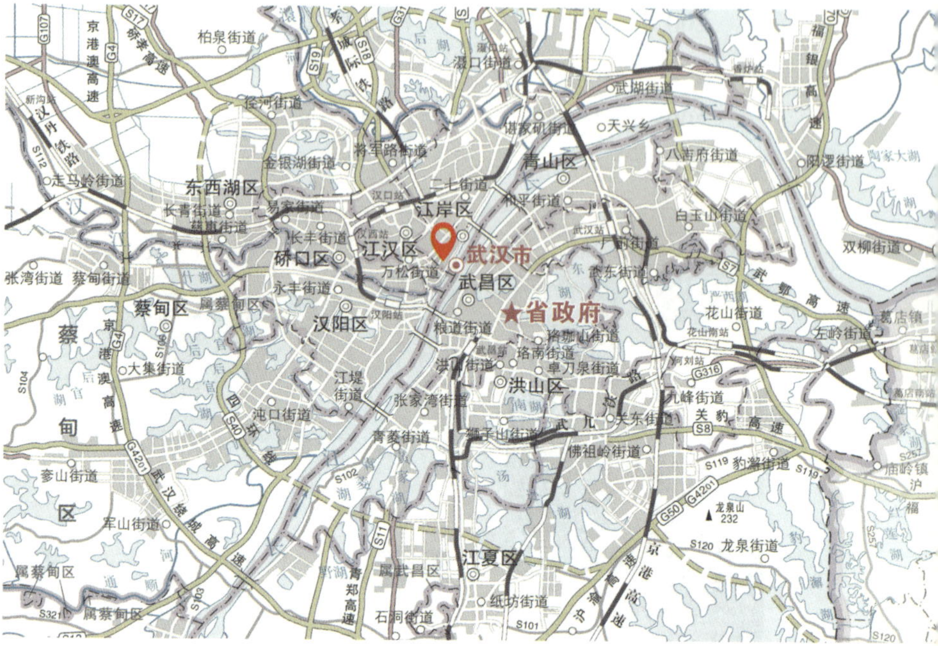

八七会议会址

史实：中共中央紧急会议

时间：1927 年 8 月 7 日

现址：湖北省武汉市江岸区鄱阳街 139 号

文保：1982 年被列为第二批全国重点文物保护单位

1927年，蒋介石、汪精卫发动反革命政变，大革命失败。1927年8月7号，中共中央在汉口秘密召开紧急会议。出席会议的有李维汉、瞿秋白、张太雷、邓中夏、任弼时、顾顺章、蔡和森、毛泽东、陆定一、王一飞等21人，以及中共中央秘书处处长邓小平、共产国际代表罗明纳兹和纽曼。

会议总结了大革命失败的经验教训，就国共两党关系、土地革命、武装斗争等问题进行了讨论。会议坚决纠正了以陈独秀为代表的右倾投降主义，确定实行土地革命和武装反抗国民党反动派的总方针，并把发动农民举行秋收起义作为当前党的主要任务。会上，毛泽东明确提出了“须知政权是由枪杆子中取得的”的著名论断。会议选举了新的中央临时政治局，通过了中共中央《告全党党员书》等议案。

八七会议是中共历史上一个转折点。它总结了大革命失败的经验教训，反对了政治上的右倾投降主义，开始了党在农村领导武装暴动、开展土地革命的新的斗

《八七会议》，沈尧伊，2000 年，油画，210 cm × 168 cm，藏于中国人民革命军事博物馆

八七会议会址鸟瞰

争。它是从大革命失败到土地革命战争兴起的历史性转变的标志，也是中国新民主主义革命第一次历史性转变的标志。

限于当时危险的局势，中共中央经过反复比较选择，最后将会址定在汉口原俄租界三教街41号（现鄱阳街139号）二楼。

这幢楼房建于1920年，原是英国人建造的公寓，名为怡和新房。建筑为一栋木砖结构的三层西式楼房，占地面积982.2平方米，总建筑面积3036平方米。一层是印度人开的百货商店，二、三层为住房。1927年国民革命军北伐占领武汉后，二层是苏联援华农业顾问洛卓莫夫夫妇的住处。八七会议就在洛卓莫夫的住房内召开。

现旧址保存完好。一楼辟为陈列室，展出会议通过的《告全党党员书》等重要文件的复印件和全部会议参加者的照片及其生平简介。二层一间20多平方米的小房间是八七会议召开的场所，按当年举行会议的原样进行复原陈列，一张长条桌摆在靠前的位置，八张方凳、四张圆凳、十把高背椅错落摆放，墙壁上保留着英式建筑特有的壁炉。

八七会议会址——怡和新房

20世纪50年代起，文物工作者对八七会议会址进行了长期的调查、研究、考证，于1972年初步确定八七会议会址。1978年8月7日，八七会议会址恢复原貌并建立纪念馆，正式对外开放。1980年，邓小平为纪念馆题写了“八七会议会址”的门匾。

八七会议会址入口

1982年2月23日，中华人民共和国国务院公布八七会议会址为第二批全国重点文物保护单位。

2001年6月12日，中共中央宣传部公布八七会议会址纪念馆为第二批百个爱国主义教育示范基地。

2005年，国家发展和改革委员会将包括江汉区八七会议会址纪念馆在内的武汉市红色旅游系列景区（点）列入《全国红色旅游经典景区第一批名录》。

八七会议会场（会议复原陈列）

凝眸

——红色建筑遗产

湘赣边界秋收起义前敌委员会旧址

湘赣边界秋收起义前敌委员会旧址

史实：毛泽东领导湘赣边界秋收起义前敌委员会

时间：1927 年 9 月 9 日

现址：江西省宜春市铜鼓县永宁镇定江东路 487 号

文保：2013 年被列为第七批全国重点文物保护单位

八七会议确定了武装反抗国民党反动派和开展土地革命的总方针，决定在革命基础较好的湘、鄂、赣、粤四个省举行秋收暴动，实行土地革命。毛泽东受中共中央委派，以中共中央特派员的身份回到湖南，领导湘赣边界的秋收起义。

1927年8月18日，在湖南省长沙市郊区沈家大屋召开改组后的湖南省委第一次会议，讨论制定秋收起义计划，成立前敌委员会，毛泽东任书记，卢德铭任总指挥。9月初，毛泽东在江西萍乡市安源镇张家湾召开军事会议，讨论秋收起义具体部署，决定正式组建工农革命军第一军第一师。

1927年9月9日，毛泽东到达江西宜春铜鼓县，住在萧家祠左厅一间陈旧的房里。毛泽东以中央特派员身份传达八七会议精神，改组省委并领导秋收起义。以毛泽东为书记的中共湖南省委前敌委员会将参加起义的各路武装5000余人统编为工农革命军第一师，于9月9日发动湘赣边界秋收起义。

起义部队在向长沙进军时，一度遭受挫折。9月19日，毛泽东在湖南浏阳文家市主持召开前敌委员会会议，否定了原“取浏阳复攻长沙”的计划，决定起义军撤离湘东地区，向敌人统治力量薄弱的山区转移。

《秋收起义》，何孔德、高泉、冀晓秋、陈玉先，1973年，油画，藏于中国人民革命军事博物馆

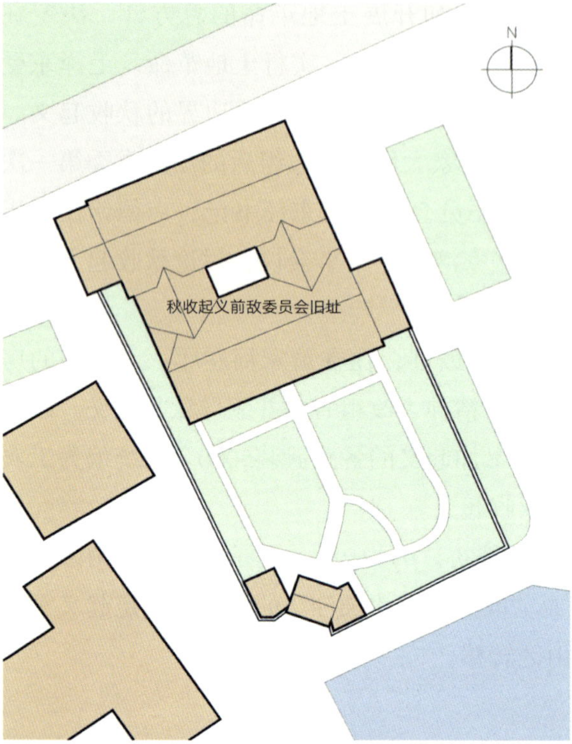

萧家祠平面图

9月29日，部队到达江西永新县的三湾村。在三湾，毛泽东对部队进行了改编（即“三湾改编”）：整编部队，把原来的一个师缩为一个团；将党的支部建立在连上；成立各级士兵委员会，实行民主管理制度，在政治上官兵平等。10月，起义部队到达井冈山地区，创建了中国第一个农村革命根据地。

位于铜鼓县永宁镇的萧永翁祠始建于清光绪初年，俗称萧家祠，是秋收起义前敌委员会统帅机关所在地。建筑坐北朝南，土木结构，分前后两栋，均为两层，结构相同。每栋中间都为大厅，两侧各有两间耳房。两栋衔接处为一天心，天心左右侧为厢

萧家祠院门

萧家祠前厅

房，具有典型的客家建筑风格。

前栋大厅为三团排以上干部会议大厅，后栋两侧耳房分别为前敌委员会办公室、毛泽东卧室以及机枪连战士住房。

毛泽东在萧家祠写下了他在土地革命战争时期的第一首词作和平生第一首军事题材的词作《西江月·秋收暴动》。

军叫工农革命，
旗号镰刀斧头，
修铜一带不停留，
便向平浏直进。
地主重重压迫，
农民个个同仇，
秋收时节暮云沉，
霹雳一声暴动。①

①这首词，作者后来作过修改，将其中的“修铜”“便”“平浏”“沉”，分别改为“匡庐”“要”“潇湘”“愁”。

萧家祠鸟瞰

1968年，萧家祠进行第一次大规模维修，并进行了复原陈列，后历年多次维修、完善陈列，并常年开放。2007年8月底，经过专家的深入研究考证，铜鼓县萧家祠正式被确认为湘赣边界前敌委员会的旧址。

2013年5月3日，中华人民共和国国务院公布湘赣边界秋收起义前敌委员会旧址为第七批全国重点文物保护单位。

2016年12月19日，国家发展和改革委员会将包括秋收起义铜鼓纪念馆和前敌委员会旧址萧家祠在内的赣西红色旅游系列景区（点）列入《全国红色旅游经典景区名录》。

毛泽东居室

前敌委员会办公室

三团排以上干部会议大厅

井冈山茅坪八角楼毛泽东旧居

井冈山茅坪八角楼毛泽东旧居

史实：井冈山革命根据地毛泽东旧居

时间：1927 年 10 月至 1929 年 2 月

现址：江西省吉安市井冈山市茅坪乡茅坪村

文保：1961 年被列为第一批全国重点文物保护单位

1927年10月，毛泽东率领湘赣边界秋收起义的工农革命军到达湖南、江西两省边界罗霄山脉中段的井冈山地区，创建了中国第一个农村革命根据地，点燃了“工农武装割据”的星星之火，完成从城市到农村的伟大战略转移，走上了“农村包围城市、武装夺取政权”的新道路。

1928年4月下旬，朱德、陈毅率领南昌起义保存下来的部队和湘南农军到达井冈山，和毛泽东领导的工农革命军第一军第一师在宁冈会师。

1927年10月至1929年2月，井冈山斗争时期，湘赣边界党、政、军领导机关和红军后勤机关曾设立于宁冈县（2000年与井冈山市合并）的茅坪村。毛泽东经常在八角楼居住和办公。

在八角楼的油灯下，毛泽东写下了《中国的红色政权为什么能够存在》《井冈山的斗争》。毛泽东在这两篇著作中，总结了井冈山建党、建军、建政和土地革命的实践经验，阐述了红色政权能够存在和发展的五个条件；回答了红旗到底打得多久的疑问；集中阐述了“工农武装割据”的思想，为“农村包围城市、武装夺取政权”理论的形成奠定了基础。

《井冈山会师》，林岗，1975年，油画，200 cm × 380 cm，藏于中国国家博物馆

毛泽东旧居八角楼位于当地中医谢池香的住宅中。整组建筑倚山坡而建，坐东朝西，由位于前部的谢氏慎公祠、边院和后院中的二层坡屋顶建筑串联而成。后院住宅的建筑形式为土木结构，悬山式屋顶，小青瓦屋面。住宅左侧楼上卧室顶部有一个天窗，依中医八卦之理，修成了与众不同的八边形，故当地群众称之为八角楼。

毛泽东的卧室兼办公室就位于八角楼二层，室内的陈列物是毛泽东和妻子贺子珍用过的原物。一层是朱德的住房，前间为办公室，后间是朱德与妻子伍若兰的卧室。

1961年3月4日，中华人民共和国国务院公布包括茅坪革命旧址群和毛泽东旧居在内的井冈山革命遗址为第一批全国重点文物保护单位。

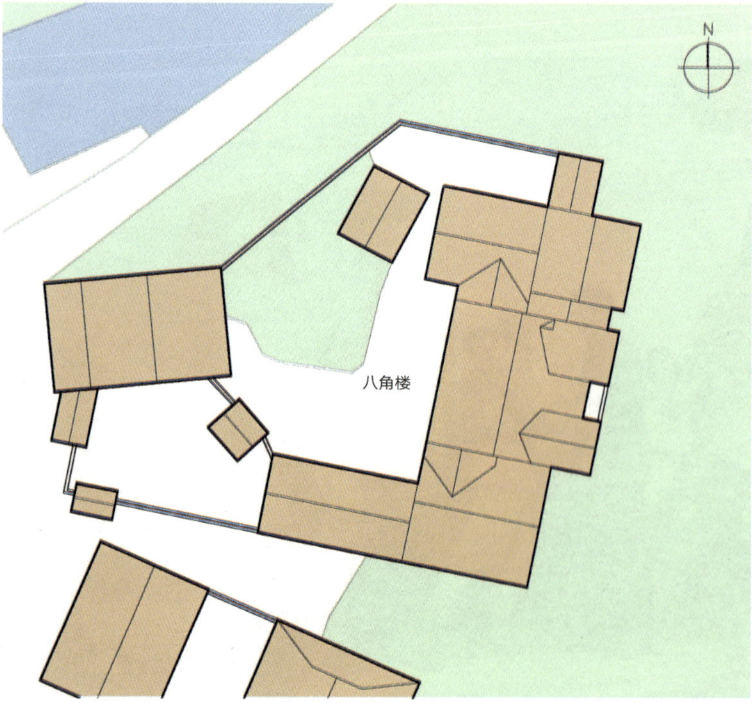

井冈山茅坪谢氏住宅平面图

井冈山茅坪谢氏住宅鸟瞰图

毛泽东旧居入口

1997年6月11日，中共中央宣传部公布包括毛泽东旧居八角楼在内的井冈山革命纪念地为首批百个爱国主义教育示范基地。

2005年，国家发展和改革委员会将井冈山市红色旅游系列景区（点）列入《全国红色旅游经典景区第一批名录》。

2007年5月22日，国家旅游局批准吉安市井冈山市井冈山风景旅游区为首批国家AAAAA级旅游景区。

八角楼天窗

广州公社旧址

广州公社旧址

史实：中共发动反抗国民党右派的起义指挥部

时间：1927 年 12 月 11 日

现址：广东省广州市越秀区广州起义路 200 号

文保：1961 年被列为第一批全国重点文物保护单位

继南昌、湘赣边界等地起义之后，中国共产党又发动和领导了广州起义。1927年12月11日凌晨，在张太雷、叶挺、黄平、周文雍、叶剑英、杨殷等领导下，国民革命军第四军教导团全部、警卫团一部和广州工人赤卫队七个联队以及市郊部分农民武装，联合举行武装起义。当日上午，起义军攻占了广东省立公安局，下午宣告成立广州市苏维埃政府，张太雷为代理主席。虽然广州公社仅存三天，却是中国大城市里建立的第一个苏维埃政府，被誉为“东方巴黎公社”。

起义军和工农群众同国民党军进行了英勇顽强的浴血奋战，但终因众寡悬殊，遭到严重损失，起义主要领导人张太雷牺牲。起义军余部1000余人于13日凌晨撤出广州。

张太雷毕业于北洋大学（今天津大学），是中国共产党早期的重要领导人之一，是中国共产主义青年团的创始人之一和青年运动的卓越领导人，也是中共历史上第一个牺牲在战斗第一线的中央委员和政治局成员。

广州起义，是对国民党反动派叛变革命和实行白色恐怖的一次英勇反击，是在城市建立苏维埃政权的大胆尝试，在国内外都引起了很大的震动。这次起义虽然失败了，但起义军民英勇顽强、不怕牺牲的精神，给了中国人民以新的鼓舞。

《广州起义》，何孔德、郑洪流，1977 年，油画，180 cm × 110 cm，藏于中国人民革命军事博物馆

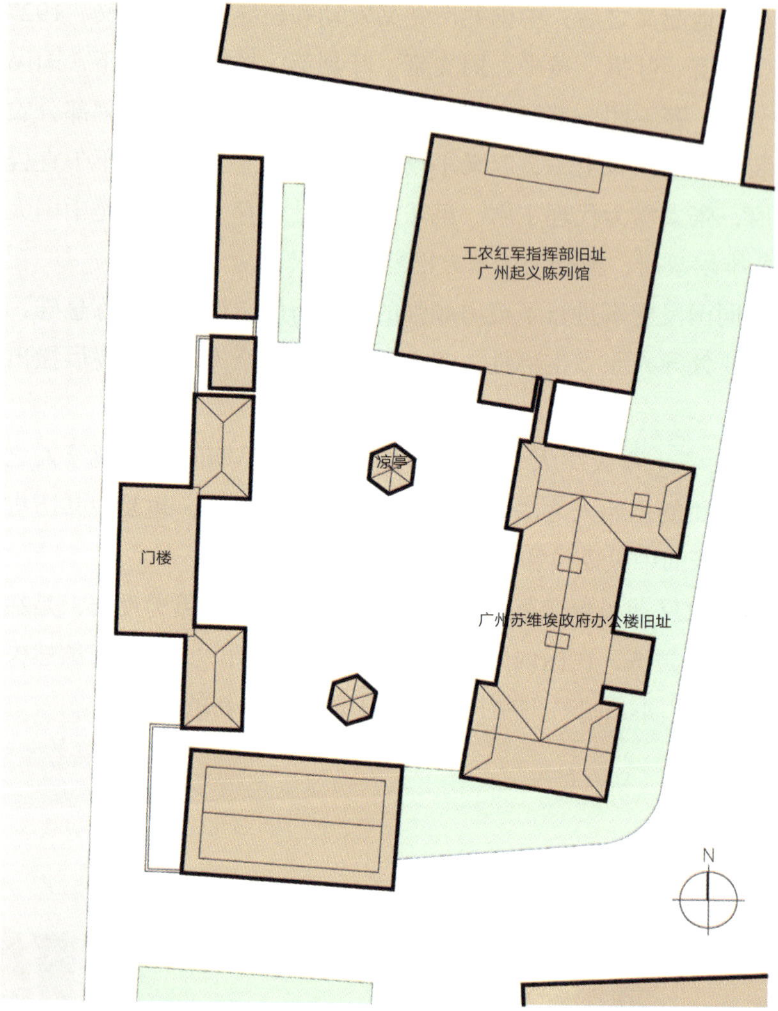

广州公社旧址平面图

广州公社旧址现存门楼和南、中、北三座办公楼及拘留所，均为风格统一的西式建筑。临街的大门楼原为四柱三门牌坊式，1929年改建成平面长方形、跨越人行道的门楼式建筑。

中楼为苏维埃政府和工人赤卫队总部，北楼为工农红军指挥部，南楼为警卫连部和军械杂物仓库等。

大门正对的是广州苏维埃政府办公楼，坐东朝西，平面呈

广州公社旧址鸟瞰

“凹”字形，面积约910平方米，为混合结构的两层建筑。楼下为起义总指挥张太雷的办公室、苏维埃政府会议室以及临时救护处。二楼南面有两个办公室，是苏维埃政府委员和工人赤卫队负责人的办公室。北面是大会议室。

北楼坐北向南，是混合结构的两层楼房，面积约400平方米。楼下为会议室，二楼为工农红军作战指挥室。现设有广州起义陈列馆。

广州公社旧址大门

南楼坐南向北，是混合结构的三层楼房，面积约为 207平方米，是警卫连的连部和军械杂物仓库。

办公楼东北角有幢两层混合结构建筑，面积为824平方米，为苏维埃政府扣押反动政权人员的拘留所。

1949年广州解放后，这里成为广州市公安局所在地。1956年，广州市政府把南楼辟为广州起义陈列室，对内开放。1987年，旧址的南楼、中楼及门楼等建筑交给文物部门，进行维修复原，成立了广州起义纪念馆。2005年旧址北楼和拘留所也移交给纪念馆。

广州公社旧址北楼

广州公社旧址南楼

1961年3月4日，中华人民共和国国务院公布广州公社旧址为第一批全国重点文物保护单位。

2005年，国家发展和改革委员会将包括广州起义纪念馆在内的广州市红色旅游系列景区（点）列入《全国红色旅游经典景区第一批名录》。

2021年6月19日，中共中央宣传部公布广州起义纪念馆为第七批百个爱国主义教育示范基地。

中国共产党第六次全国代表大会会址

中国共产党第六次全国代表大会会址

史实：中国共产党第六次全国代表大会

时间：1928 年 6 月 18 日至 7 月 11 日

现址：俄罗斯莫斯科州纳罗法明斯克区五一村公园街 18 号

1927年大革命失败后，国内白色恐怖异常严重，难以找到一个能够保证安全的地方开会，中国共产党第六次全国代表大会于1928年6月18日至7月11日在莫斯科近郊召开，这是中国共产党历史上唯一的一次在国外召开的全国代表大会。出席这次大会的代表共142人，其中有表决权的代表为84人。

瞿秋白代表第五届中央委员会作《中国革命与共产党》的政治报告，周恩来作组织报告和军事报告，李立三作农民问题报告，向忠发作职工运动报告，共产国际代表布哈林作《中国革命与中国共产党的任务》的报告。大会通过了关于政治、军事、组织、苏维埃政权、农民、土地、职工、宣传、民族、妇女、青年团等问题的决议，以及经过修改的《中国共产党党章》。

党的六大是在特定历史时期和历史条件下召开的具有重大历史意义的会议。六大认真总结了大革命失败以来的经验教训，对有关中国革命的一系列存在严重争论的根本问题，作出了基本正确的回答。

大会选举产生了第六届中央委员会，选出中央委员23人、候补中央委员13人；选举向忠发任中央政治局主席兼中央政治局常委会主席，选举苏兆征、向忠发、项英、周恩来、蔡和森为中央政治局常委会委员，李立三、杨殷、徐锡根为常委会候补委员。周恩来为中央政治局常委会秘书长。

中共六大会址是一栋三层建筑，因火灾而被废弃。2013年3月23日，在中共六大会址上举行中共六大纪念馆建馆启动仪式，中共中央总书记、国家主席习近平出席。2016年7月4日，修葺一新的中共六大常设展览馆正式对外开放。

百色起义总指挥部旧址

百色起义总指挥部旧址

史实：中国工农红军第七军军部所在地

时间：1929 年 12 月 11 日

现址：广西壮族自治区百色市右江区解放街 39 号

文保：1988 年被列为第三批全国重点文物保护单位

百色起义又叫右江暴动。1929年12月，邓小平、张云逸、韦拔群等在广西百色举行起义，成立右江工农民主政府，开始了广西西部的工农武装割据。

1929年5月，蒋桂战争结束。国民党政府任命左派军人俞作柏、李明瑞分别担任了广西省政府主席和军事特派员兼绥靖公署主任。俞、李试图借助中国共产党的力量来巩固自己的地位，就请求中国共产党派出干部前往他们的军政机关开展工作。中共中央派出邓小平、张云逸、陈豪人等40多名干部到广西，将一批共产党员安排在政府和军队中担任重要职务。共产党员张云逸被任命为广西警备第四大队大队长兼教导总队副队长，韦拔群领导的右江农军得到承认。

1929年9月下旬，俞作柏、李明瑞在南宁通电反蒋失败。10月，邓小平、陈豪人等率领警备第四大队和教导总队到百色筹划武装起义。中共广东省委决定建立前敌委员会，邓小平任前委书记。11月初，邓小平到上海向中央汇报起义准备工作。

12月，广西警备第四大队、教导队和右江农军在陈豪人、龚鹤村、张云逸、韦拔群等率领下，在百色正式宣布起义，成立了中国工农红军第七军，张云逸担任军长，陈豪人担任政治部主任。

百色起义是在南昌起义、秋收起义、广州起义的影响和鼓舞下，中国共产党在广西少数民族地区实行“工农武装割据”的一次光辉实践。

红七军军部旧址也是百色起义时总指挥部所在地。原为百色粤东会馆，始建于清康熙五十九年（1720年），乃粤籍旅邕豪商巨贾酿资兴建。

《百色起义》，刘晨煌，2012年，油画，300 cm × 900 cm，藏于广西美术馆

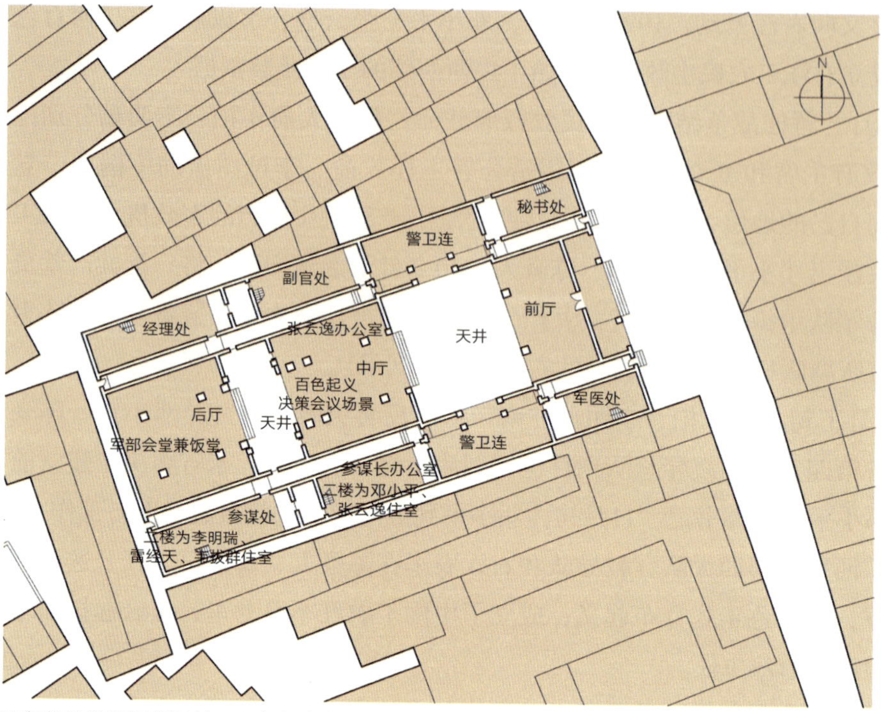

百色起义总指挥部旧址——粤东会馆平面图

中国工农红军第七军军部旧址包括粤东会馆、清风楼和百色起义纪念馆，1961年成立，原名“右江革命文物馆”。1977年8月17日，邓小平亲笔题字：“中国工农红军第七军军部旧址”。1978年12月，红七军军部旧址正式对外开放。1996年11月1日，经江泽民题写，文物馆正式改名为“百色起义纪念馆”。1999年，百色市投资修建了百色起义纪念馆。

红七军军部所在的粤东会馆坐西向东，占地面积2 331平方米，建筑面积2 661平方米。建筑布局突出“中轴明显、左右对称”的特点，以中路的前、中、后三大殿为主轴，两侧配以对称的厢房和庑廊，构成“日”字形封闭式独立建筑群。主次建筑之间以青云巷相隔，长廊相连，是典型的广东民间宗祠艺术建筑风格。

粤东会馆鸟瞰

中殿还原了百色起义决策会议场景，会馆厢房的小阁楼上是邓小平和张云逸的住室。室内摆设十分简朴，两条长凳架着木板便成了床，床前放了一张办公桌，坐在床铺上办公。

1988年1月13日，中华人民共和国国务院公布中国工农红军第七军军部旧址为第三批全国重点文物保护单位。

粤东会馆前厅

1997年6月11日，中共中央宣传部公布中国工农红军第七军军部旧址为首批百个爱国主义教育示范基地。

2005年，国家发展和改革委员会将包括红七军军部旧址在内的百色市左右江红色旅游系列景区（点）列入《全国红色旅游经典景区第一批名录》。

2019年12月25日，国家文化和旅游部公布广西壮族自治区百色市百色起义纪念园景区为国家AAAAA级旅游景区。

百色起义决策会议会址——粤东会馆中厅

邓小平、张云逸住室

古田会议会址

古田会议会址

史实： 中国工农红军第四军第九次党代表大会

时间： 1929 年 12 月 28、29 日

现址： 福建省龙岩市上杭县古田镇溪背村

文保： 1961 年被列为第一批全国重点文物保护单位

井冈山革命根据地建立后，遭到国民党军队四次“进剿”。面对严峻的局势，为了打破敌人封锁，解决经济困难，1929年1月，红四军在毛泽东、朱德、陈毅等领导下，从井冈山向赣南出击，与红五军会合后向闽西发展，开创了赣南、闽西革命根据地，奠定了后来的中央革命根据地（中央苏区）的基础。

1929年8月下旬，陈毅抵达上海参加中共中央召开的军事会议，期间向党中央汇报了红四军的情况。中央政治局决定由中央军事部长周恩来、宣传部长李立三和陈毅三人组成专门委员会，深入研究讨论红四军的问题，形成了陈毅起草、周恩来审定的《中共中央给红四军前委的指示信》，即九月来信。

1929年12月28、29日，在中央九月来信的指导下，红四军在福建省上杭县古田村召开了党的第九次代表大会。

会议通过了毛泽东主持起草的总称为《中国共产党红军第四军第九次代表大会决议案》的八个决议案，即古田会议决议。

决议总结了红四军成立以来军队建设方面的经验教训，确立了人民军队建设的基本原则，重申了党对红军实行绝对领导的原则，强调要用无产阶级思想克服各种非无产阶级思想，阐述了党的组织建设原则，明确指出了“厉行集中指导下的民主生活”的重要性；阐述了党的基层组织建设的重要原则，强调要重视党支部的作

《古田会议》，何孔德，1972年，油画，290 cm × 175 cm，藏于中国人民革命军事博物馆

用。古田会议决议因此成为我党、我军建设的纲领性文献，对党和军队的建设发挥了重大作用。

古田会议会址位于福建省龙岩市上杭县古田镇溪背村采眉岭笔架山下，原为廖氏宗祠，又名万源祠，始建于道光二十八年（1848年）。祠堂院外左侧有水井，右侧有红军检阅台，背后杉柏参天。祠堂建筑坐东朝西，为四合院式单层歇山砖木结构的宗祠建筑，有庭院、前后两厅和左右厢房，建筑面积为826平方米。1917年，古田第一所小学——和声小学建立，1929年5月红四军进驻古田后把和声小学改名为曙光小学。

会址在祠堂的后厅，原是学校高年级课堂，后来相关部门恢复了当时的主席台、会标、党旗、马克思像和列宁像、代表的席位。正厅左侧厢房第一间为会议期间毛泽东的办公室，第二间为陈毅办公室，右侧厢房为朱德办公室。

1953年，相关部门开始对古田会议会址进行局部修缮。1962年，对会址进行全面维修，复原了当年会场原貌。1965年12月，会址正式对外开放。1970年，在会址附近新建古田会议纪念馆。

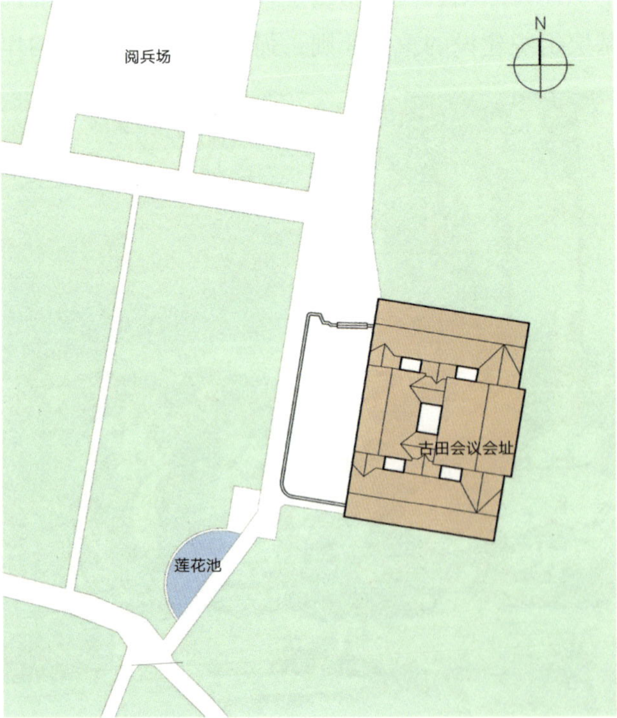

古田会议会址总平面图

古田会议会址——廖氏宗祠

古田会议会址——廖氏宗祠鸟瞰

廖氏宗祠前厅

1961年3月4日，中华人民共和国国务院公布古田会议会址为第一批全国重点文物保护单位。

1997年6月11日，中共中央宣传部公布古田会议纪念馆为首批百个爱国主义教育示范基地。

2015年10月15日，国家旅游局公布福建省龙岩市上杭县古田旅游区成为国家AAAAA级旅游景区。

2016年12月19日，国家发展和改革委员会将包括上杭县古田会议旧址在内的龙岩市红色旅游系列景区（点）列入《全国红色旅游经典景区名录》。

2018年5月7日，中国关工委公布古田会议会址为第一批“全国关心下一代党史国史教育基地”。

古田会议会场——廖氏宗祠后厅

古田会议纪念馆前雕塑

中华苏维埃第一次全国代表大会会址

中华苏维埃第一次全国代表大会会址

史实： 中国共产党苏区第一次代表大会、中华苏维埃第一次全国代表大会，中华苏维埃共和国政治、军事中心和临时中央政府机关所在地

现址： 江西省赣州市瑞金市叶坪乡叶坪村

时间： 1931 年 9 月至 1933 年 4 月

文保： 1961 年被列为第一批全国重点文物保护单位

1931年1月15日，中共苏区中央局在江西宁都小布镇赤坎村龚氏宗祠成立，项英代理中共苏区中央局书记。4月，中央代表团到达中央苏区全权处理“富田事变”，传达了六届四中全会精神，认为中央局对富田事变的解决是错误的。5月，重新组织红一方面军临时总前委，毛泽东任书记。10月，毛泽东代替项英代理中共苏区中央局书记。

1931年11月1日—5日，中央代表团在江西瑞金叶坪村谢氏宗祠主持召开了中国共产党苏区第一次代表大会，即赣南会议。

1931年11月7日—20日，中华苏维埃第一次全国代表大会在江西瑞金叶坪乡叶坪村召开。中央、闽西、湘鄂赣、湘赣、湘鄂西、豫东北、琼崖等各苏区及红军各部均选派代表出席，共610人参加，宣告了中华苏维埃共和国临时中央政府的成立。

苏维埃政权的最高权力机关为全国代表大会，苏维埃中央执行委员会为最高政权机关，中央执行委员会之下组织人民委员会，处理日常政务。

叶坪村总平面图

叶坪村鸟瞰

27日，中央执行委员会举行第一次会议，选举毛泽东为中央执行委员会主席和中央执行委员会人民委员会主席，项英、张国焘为副主席，决定中华苏维埃共和国临时中央政府设在瑞金，成立中华苏维埃共和国中央革命军事委员会，朱德为主席，王稼祥、彭德怀为副主席。

中华苏维埃共和国临时中央政府的成立，标志着中国共产党开始了夺取全国政权之前局部执掌政权的伟大实践，是中国共产党执掌全国政权的伟大预演。

1931年12月底，周恩来离开上海的中央政治局，抵达瑞金，就任苏区中央局书记。1933年1月，由于中共中央特科负责人顾顺章的叛变，原驻上海的中共临时中央政治局迁入瑞金叶坪。30日，博古主持召开“中央会议”，苏区中央局与临时中央合并，改称中共中央局。博古当选中央总负责人。至此，临时中央开始直接领导中央政治局苏区工作。1934年，由于博古和李德的错误指挥，中央苏区第五次反“围剿”失败。10月，中共中央和中央红军从瑞金出发开始长征。

1931年9月至1933年4月，叶坪村一直是中央苏区和中华苏维埃共和国政治、军事活动的中心，最高领导机关所在地。这里保存着革命旧址和纪念建筑物23处。叶坪村革命遗址包括中华苏维埃共和国临时中央政府旧址、中共苏区中央局旧址、中央邮政局旧址、红军烈士纪念塔和纪念亭、博生堡、公略亭、红军检阅台，还有毛泽东、朱德、周恩来等领导人的旧居等全国重点文物保护单位16处。

中华苏维埃共和国临时中央政府旧址暨中央苏区第一次代表大会和中华苏维埃

谢氏宗祠

谢氏宗祠会场复原

第一次全国代表大会会址，原为谢氏宗祠，始建于明代。宗祠坐东北朝西南，分前后厅，中间为天井，厅左右各有侧房。前后厅皆为砖木结构的三开间建筑，风格简单质朴，黛瓦灰墙，硬山顶，小青瓦屋面，封火山墙。

1933年4月，临时中央政府从这里迁驻沙洲坝后，依然在谢氏宗祠内召开过许多重要会议。

1961年3月4日，中华人民共和国国务院公布包括叶坪村革命遗址在内的瑞金革命遗址为全国重点文物保护单位。

1997年6月11日，中共中央宣传部公布包括叶坪革命旧址群在内的瑞金中央革命根据地纪念馆为首批百个爱国主义教育基地。

2005年，国家发展和改革委员会将包括中华苏维埃第一次全国代表大会旧址在内的赣州市中央苏区政府根据地红色旅游系列景区（点）列入《全国红色旅游经典景区第一批名录》。

2015年7月13日，国家旅游局公布叶坪景区在内的瑞金共和国摇篮景区为国家AAAAA级旅游景区。

两当兵变旧址

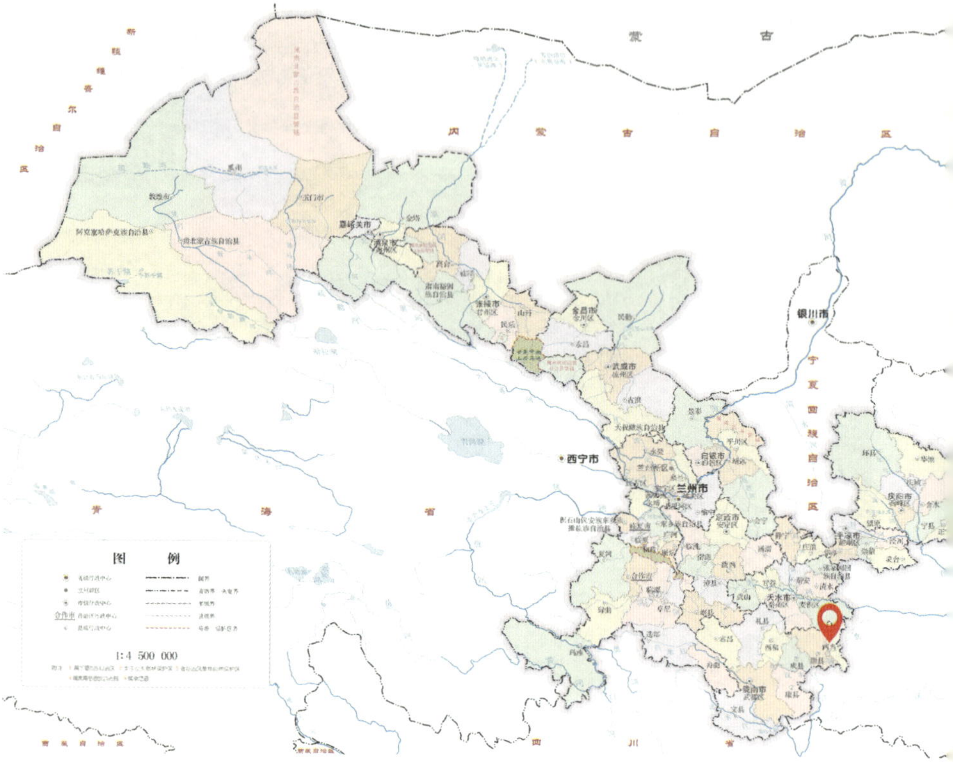

两当兵变旧址

史实：中国共产党在西北地区领导的武装起义

时间：1932 年 4 月 2 日

现址：甘肃省陇南市两当县城关镇老南街 20 号

文保：2017 年被列为甘肃省第八批省级文物保护单位

1930年初，中共陕西省委指示各地中共党组织派出党员秘密去杨虎城的国民革命军第十七路军开展工作，长期隐蔽，等待时机，在条件成熟时，发动武装起义。是年春天，中共陕西省委派习仲勋到长武县杨虎城部的警备骑兵第三旅三团二营从事兵运工作。进入该营后，习仲勋立即与共产党员李秉荣、李特生成立了党小组，还在该营积极发展党员，扩建组织。随后营党委成立，习仲勋被推选担任营委书记。

1932年初，举行兵变的条件基本成熟，陕西省委同意兵变计划，并指示兵变后将部队拉到旬邑与中国工农红军陕甘游击队刘志丹部会合。

1932年4月，习仲勋、刘林圃、许天杰、吕剑人、李特生等率领三团一营举行起义。清晨，起义部队到达两当县境最北端的太阳寺休整时，改编为中国工农红军陕甘游击队第五支队，推举许天杰为总指挥，习仲勋为政委。4月下旬，起义部队与当地土匪遭遇。经过激战，终因寡不敌众，部队溃散，兵变失败。

两当兵变旧址入口

两当兵变旧址位于两当县城关镇老南街20号（张家大院上1号），据考证初建于嘉庆五年（1800年），为坐西朝东三进院建筑格局。前院为两当兵变时一营二连官兵驻地，正房为习仲勋、刘林圃等领导人的办公、居住用房，中院由左右厢房和西面正房组成。正房为二层阁楼，是房主张家的居住区域，二层为女眷居住。后院为马厩和仓库。建筑主体为单檐硬山两坡水砖木结构，总体风貌极具典型的民国时期的地方民居特色。

两当兵变旧址前院

习仲勋旧居

两当兵变旧址中院

2009年5月22日，中共中央宣传部公布两当兵变纪念馆为第四批全国爱国主义教育示范基地。

2015年6月，国家旅游局公布两当兵变红色旅游景区为国家AAAA级旅游景区。

2016年12月19日，国家发展和改革委员会将陇南市两当县两当兵变旧址列入《全国红色旅游经典景区名录》。

2017年11月8日，两当兵变旧址入选甘肃省第八批省级文物保护单位。

凝眸——红色建筑遗产

中华苏维埃共和国第二次全国代表大会会址

中华苏维埃共和国第二次全国代表大会会址

史实： 中华苏维埃共和国第二次全国代表大会会址、中华苏维埃共和国临时政府驻地

时间： 1934 年 1 月 22 日至 2 月 1 日

现址： 江西省赣州市瑞金市沙洲坝镇茶亭村

文保： 1961 年被列为第一批全国重点文物保护单位

1933年4月，由于叛徒的告密，中华苏维埃共和国临时中央政府的所在地叶坪遭国民党飞机连续轰炸。中央机关从叶坪搬迁到沙洲坝，沙洲坝就成为中央革命根据地的心脏，中华苏维埃临时中央政府的第二个驻地，直至1934年7月中央执行委员会离开沙洲坝迁往云石山。

1934年1月22日至2月1日，中华苏维埃共和国第二次全国代表大会（简称“二苏大”）在沙洲坝中央政府大礼堂召开，来自全国15个苏区的正式代表770多人参加了会议。毛泽东作了中央执行委员会和人民委员会两年来的工作报告，朱德作了红军建设决议报

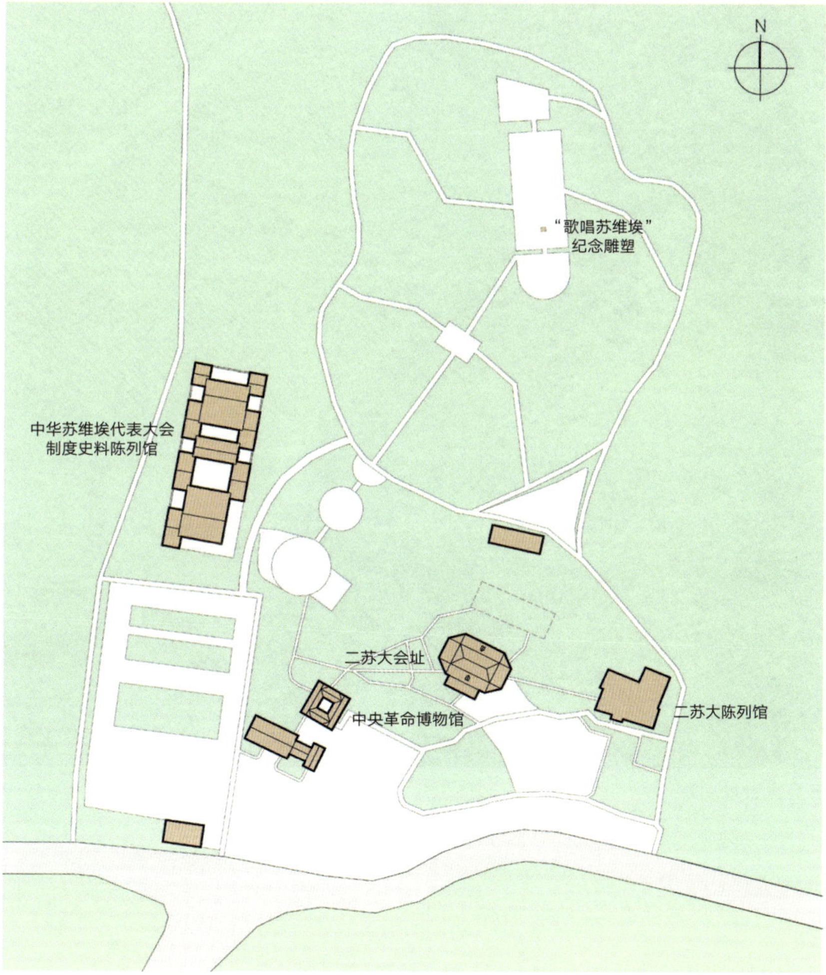

沙洲坝革命旧址平面图

二苏大会址鸟瞰

告，林伯渠作了经济建设决议报告，吴亮平作了苏维埃建设决议报告。大会通过了《中华苏维埃共和国宪法大纲》等文件。大会选举博古等175人为中央执行委员。

2月3日，第二届中央执行委员会召开第一次会议。会议通过了毛泽东等17人组成的中央执行委员会主席团，并选举毛泽东为中央执行委员会主席，项英、张国焘为副主席；选举张闻天为中央人民委员会主席；朱德为中央革命军事委员会主席，周恩来、王稼祥为副主席。大会讨论和通过了宪法大纲、苏维埃建设、红军建设、经济建设等决议案。这次会议还讨论并通过了关于国旗、国徽、军旗等的决定。

中华苏维埃共和国第二次全国代表大会的召开，标志着红色政权建设日臻完善。

二苏大会址——临时中央政府大礼堂于1933年8月动工，1934年1月落成。建筑由钱壮飞设计，袁福钦任工程指导。大礼堂坐西北朝东南，建筑面积1489.95平方米，高15.77米，为两层砖、木、钢筋混凝土混合结构，可容纳2000多人。

二苏大会址

二苏大会场

中央革命博物馆

建筑俯瞰为重檐屋顶，小青瓦屋面。中国传统屋顶的屋脊使得礼堂外观形似一顶红军八角帽，是苏区的标志性建筑，被誉为“当年的人民大会堂”。建筑正立面的壁柱、线脚和女儿墙等具有西方建筑风格，是一座中西合璧的建筑。

1934年10月，红军主力长征后，大礼堂被国民党军队下令拆除，大礼堂仅存残垣断壁。1956年按原貌修复。

1961年3月4日，中华人民共和国国务院公布包括沙洲坝革命遗址在内的瑞金革命遗址为全国重点文物保护单位。

1997年6月11日，中共中央宣传部公布包括沙洲坝革命旧址群在内的瑞金中央革命根据地纪念馆为首批百个爱国主义教育基地。

2005年，国家发展和改革委员会将包括二苏大旧址在内的赣州市中央苏区政府根据地红色旅游系列景区（点）列入《全国红色旅游经典景区第一批名录》。

2015年7月13日，国家旅游局公布包括二苏大景区、红井景区在内的瑞金共和国摇篮景区为国家AAAAA级旅游景区。

凝眸

——红色建筑遗产

中央红军长征出发地旧址

中央红军长征出发地旧址

史实：中央红军长征出发

时间：1934 年 10 月 18 日

现址：江西省赣州市于都县贡江镇渡江大道

文保：2006 年被列为第六批全国重点文物保护单位

1930年10月至1934年7月，蒋介石集中重兵，向南方各根据地的红军发动了五次大规模的“围剿”。

1933年9月25日开始了第五次“围剿”。由于王明等人的“左”倾教条主义错误，红军在第五次反“围剿”作战中遭到失败。1934年5月下旬，中共中央书记处会议决定将主力红军撤离中央苏区，进行战略转移。之后，共产国际致电中共中央，同意红军主力撤离中央苏区的行动计划。10月初，中革军委分别向各军团下达撤离战场开赴于都河沿岸集结的命令。10月7日至17日，参加突围转移的中央红军主力在于都集结。10日傍晚，中共中央、中革军委从瑞金出发前往于都。

17日晚到20日晚，中央红军主力部队8.6万人从预定的八个渡口顺利渡过于都河。18日傍晚，毛泽东、周恩来、博古等中央领导人和中央机关从东门渡口过河，踏上战略转移的征途。

于都河是于都县的母亲河，是人们对贡江在于都境内的称呼，也成为中央红军实施战略转移、向湘西进发的第一道天然障碍。当时河面宽600多米，水流深湍，大部队要过河就只有架设浮桥。为了保证红军顺利渡河，于都人民给予了人力、物力、财力等方面的大力支援，作出了巨大牺牲和重大贡献。当时沿河所有的民船全部停运，民众共调集了800多条大小船只，有的用作架设浮桥，有的用作摆渡。

《送别》，1959年，靳尚谊，藏于中国国家博物馆

歌曲《十送红军》表达了革命根据地人民对红军的深厚情感以及对革命胜利的强烈期盼。

一送（里格）红军，（介支个）下了山，秋风（里格）细雨，（介支个）缠绵绵，

山上（里格）野鹿声声哀号，树树（里格）梧桐，叶呀叶落完，

问一声亲人，红军啊，几时（里格）人马，（介支个）再回山。

……

十送（里格）红军，（介支个）望月亭，望月（里格）亭上，（介支个）搭高台，

台高（里格）十丈，白玉柱，雕龙（里格）画凤，放呀放光彩，

朝也盼来晚也想，红军啊，这台（里格）名叫（介支个）望红台。

1935年3月、4月，红四方面军从川陕根据地出发长征。初放弃苏区，于同年年11月，红二、六军团（后组成红二方面军）从湘鄂川黔根据地出发长征。

中央红军长征出发地旧址东门渡口位于于都县县城东门，为清代晚期码头，由青砖和红麻条石砌筑。1996年，于都县人民政府在东门渡口兴建了长征出发纪念碑园以及纪念馆。2004年新建了中央红军长征出发地纪念馆。2009年，纪念碑园进行了扩建，新建了中央红军长征出发纪念园。纪念园由小广场与主题雕塑、集结广场、纪

中央红军长征出发地纪念碑园平面图

念广场、中央红军长征出发地纪念馆等组成，贯穿其中的步行道像一条飞舞的红飘带将各部分连接在一起。

中央红军长征出发纪念碑

2005年，国家发展和改革委员会将包括于都长征第一渡在内的赣州市、吉安市、抚州市中央苏区政府根据地红色旅游系列景区（点）列入《全国红色旅游经典景区第一批名录》。

2005年11月20日，中共中央宣传部公布于都革命烈士纪念馆及中央红军长征第一渡纪念碑园为第三批全国爱国主义教育示范基地。

2006年5月25日，中华人民共和国国务院公布中央红军长征出发地旧址为第六批全国重点文物保护单位。

2020年6月，国家旅游局公布江西省赣州市于都县中央红军长征集结出发地纪念园景区为国家级AAAA旅游景区。

中央红军长征出发地渡口

陕甘边区苏维埃政府旧址

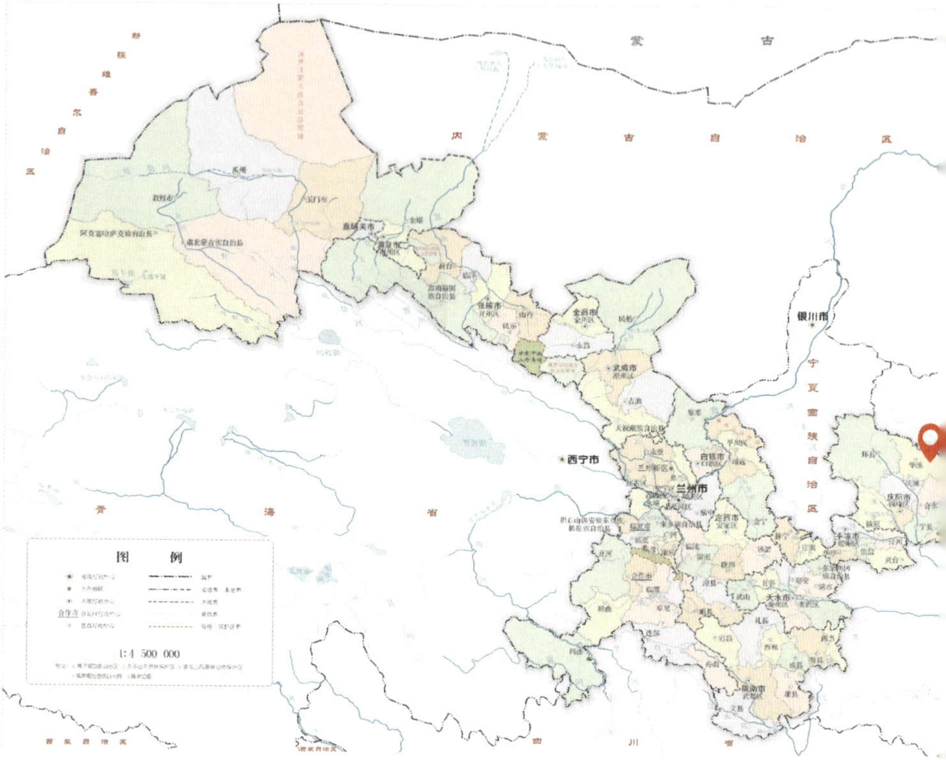

陕甘边区苏维埃政府旧址

史实：陕甘边区苏维埃政府驻地

时间：1934 年 11 月至 1935 年 4 月

现址：甘肃省庆阳市华池县南梁镇荔园堡村

文保：2013 年被列为第七批全国重点文物保护单位

1927年大革命失败后，中共中央召开了八七会议，确定了土地革命和武装反抗国民党反动统治的总方针。到1931年，西北地区先后爆发了清涧、渭华、旬邑等数十次武装起义、士兵暴动，虽然都失败了，但积累了斗争的经验，为后来创建红军和陕甘、陕北革命根据地打下了基础。

1931年9月，刘志丹等人在陕甘边界的南梁地区重新建立了南梁游击队；1932年2月，在正宁县三嘉塬改编为中国工农红军陕甘游击队。12月，陕甘游击队改编为红二十六军第二团。

1933年3月，中共陕甘边区特委在耀县照金兔儿梁成立，金理科任特委书记，习仲勋任特委委员、军委书记；1933年4月，中共陕甘边区特委在兔儿梁召开陕甘边区第一次工农兵代表大会，成立陕甘边区革命委员会，选举周冬至为主席，习仲勋为副主席兼革命委员会党团书记。陕甘边苏区初步建成。

1934年11月，中共陕甘边区特委和陕甘边区革命委员会在南梁荔园堡召开陕甘边区工农兵代表大会，决定将革命委员会转变为苏维埃政府，选举产生陕甘边区苏维埃政府（亦称南梁政府）、陕甘边区革命军事委员会的领导成员。习仲勋当选为政府主席，刘志丹任军委主席。

1935年5月，陕甘边党政军机关移驻洛河川下寺湾一带。

旧址分为三个部分，分别是苏维埃政府成立大会旧址、苏维埃政府旧址、保卫大队及红军干部学校旧址。其中保卫大队及红军干部学校旧址位于荔园堡城门之外，苏维埃政府旧址及苏维埃政府成立大会旧址位于城门内，三处旧址均经历多次修缮。

《陕甘边区苏维埃政府成立》，袁鹏飞，2014 年，中国画，2.45 m × 7.45 m，藏于南梁革命纪念馆

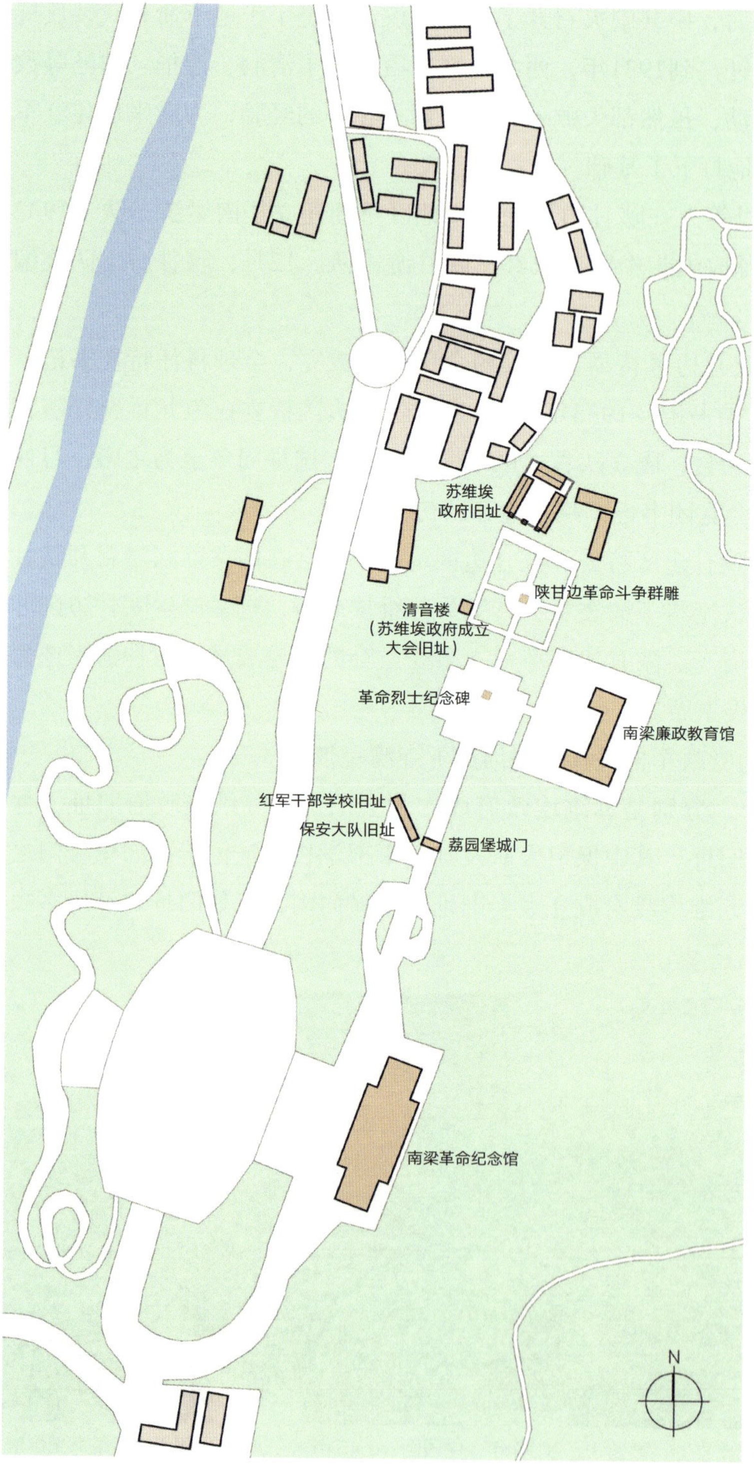

南梁革命纪念馆总平面图

苏维埃政府成立大会旧址——清音楼

苏维埃政府成立大会旧址原为荔园堡城内清音楼，始建于清宣统元年（1909年），为三开间独栋戏台。建筑为抬梁式硬山顶，立于一高台之上。建筑额枋、飞椽、雀替等正面构件皆有彩画，檐枋与檐檩之间有龙象斗拱作为装饰。

苏维埃政府旧址为传统三合院，坐北朝南，正面院墙开三门。中门正对正房，为单开间硬山顶广亮大门。屋脊皆有雕花，檐口两端做起翘处理。旧址门楣上横刻“陕甘边区苏维埃政府旧址”，在1985年修建南梁革命纪念馆时由习仲勋同志亲笔题写。

清音楼檐下斗拱、
雕刻与彩画

2013年5月3日，中华人民共和国国务院公布南梁陕甘边区革命政府旧址为第七批全国重点文物保护单位。

2001年6月12日，中共中央宣传部公布华池县南梁革命纪念馆为第二批百个爱国主义教育示范基地。

2005年，国家发展和改革委员会将庆阳市华池县陕甘边区苏维埃政府旧址列入《全国红色旅游经典景区第一批名录》。

2015年6月，国家旅游局公布南梁革命纪念馆为国家AAAA级旅游景区。

陕甘边区苏维埃
政府旧址正门

陕甘边区苏维埃政府旧址正房

遵义会议会址

遵义会议会址

史实： 中共中央政治局扩大会议

时间： 1935 年 1 月 15 日至 17 日

现址： 贵州省遵义市红花岗区子尹路 96 号

文保： 1961 年被列为第一批全国重点文物保护单位

红军在第五次反“围剿”作战中的失败和长征初期红军力量遭受的严重损失，引起了广大共产党员和红军指战员对“左”倾错误领导的怀疑和不满。

1935年1月初，中国工农红军攻克遵义。15日至17日，中共中央在此召开政治局扩大会议（即遵义会议）。出席会议的有政治局委员毛泽东、洛甫（张闻天）、周恩来、朱德、陈云、博古（秦邦宪），候补委员有王稼祥、刘少奇、邓发、凯丰（何克全），还有红军总部和各军团负责人刘伯承、李富春、林彪、聂荣臻、彭德怀、杨尚昆、李卓然以及中共中央秘书长邓小平。李德及担任翻译工作的伍修权也列席了会议。

1935年1月，中共中央在遵义召开政治局扩大会议，集中全力纠正博古等人在军事上和组织上“左”的错误，肯定了毛泽东的正确军事主张，增选毛泽东为中央政治局常委，取消了博古、李德的军事最高指挥权。遵义会议后，中央常委进行分工:由张闻天代替博古负总责，周恩来、毛泽东等负责军事。随后成立了周恩来、毛泽东、王稼祥组成的军事指挥小组，负责长征中的军事指挥。

遵义会议事实上确立了毛泽东同志在党中央和红军的领导地位，开始确立以毛泽东同志为主要代表的马克思主义正确路线在党中央的领导地位，开始形成以毛泽东同志为核心的党的第一代中央领导集体，开启了党独立自主解决中国革命实际问题新阶段。在极其危急的情况下，挽救了党，挽救了红军，挽救了中国革命，是中国共产党历史上一个生死攸关的转折点。

《遵义会议》，沈尧伊，1994年，油画，185 cm × 500 cm，藏于中国革命博物馆

遵义会议会址鸟瞰

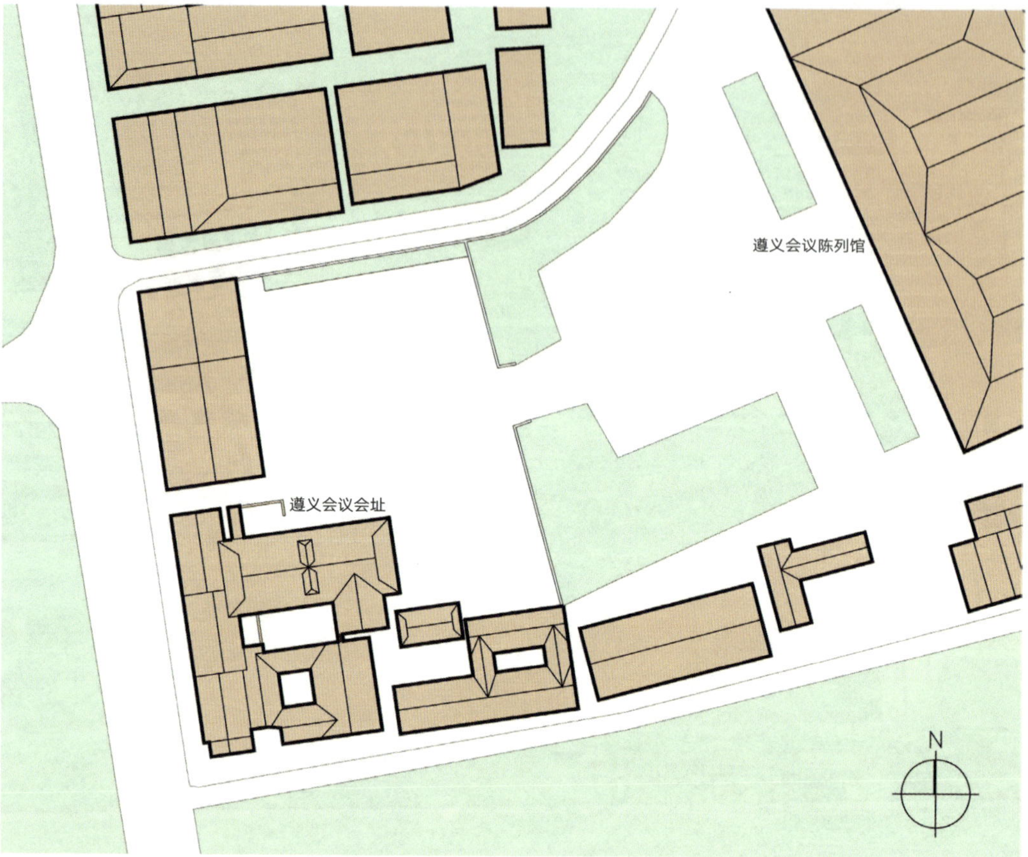

遵义会议会址平面图

遵义会议会址在遵义城琵琶桥（后改名子尹路，又改为红旗路）东侧87号，原国民党二十五军第二师师长柏辉章的公馆里。柏辉章公馆建于20世纪30年代初，整个建筑分主楼、跨院两个部分。主楼坐北朝南，为曲尺形，砖木结构，歇山式屋顶，上盖小青瓦，为中西合璧风格。楼房有抱厦一圈，楼顶有一老虎窗。主楼上下的门窗为漆板栗色，所有窗牖均镶嵌彩色玻璃。中革军委总部即驻在这幢楼房里。遵义会议就在主楼楼上原房主的小客厅举行。

紧挨主楼的跨院为纯木结构四合院，仍漆板栗色。临街有八间铺面房。铺面居中有一小牌楼，檐下悬挂着毛泽东1964年11月题写的“遵义会议会址”六个字的黑漆金匾。街面房连接主楼与跨院之间有一座青砖牌坊。牌坊上方用碎蓝瓷镶嵌着“慰庐”二字，另一面有“慎笃”二字。

1951年，开始筹建遵义会议纪念馆。1954年8月，遵义会议会址得以确定。1959年10月1日，遵义会议会址正式对外开放。

遵义会议会址

遵义会议会址内部

1961年3月4日，中华人民共和国国务院公布遵义会议会址为第一批全国重点文物保护单位。

1997年6月11日，中共中央宣传部公布遵义会议纪念馆为首批百个爱国主义教育示范基地。

遵义会议会场

主楼与跨院之间的青砖牌坊

2005年，国家发展和改革委员会将包括遵义市遵义会议纪念馆在内的贵州红军长征红色旅游系列景区（点）列入《全国红色旅游经典景区第一批名录》。

2005年，国家旅游局公布遵义市红花岗区遵义会议会址旅游景区为国家AAAA级旅游景区。

红军一、四方面军懋功会师旧址

红军一、四方面军懋功会师旧址

史实： 红军第一方面军与第四方面军会师

时间： 1935 年 6 月 12 日至 14 日

现址： 四川省阿坝州小金县城内

文保： 2006 年被列为第六批全国重点文物保护单位

红军三大主力一、二、四方面军在长征途中有多次会师。

1935年6月12—18日，红一、四方面军在四川懋功会师后，8月左右两路军北上。

1935年10月19日，红一方面军与陕北红军在陕西吴起镇会师，最终找到了长征立足点。

1936年7月2日，红二、红六军团与红四方面军在西康甘孜会师，共同北上与红一方面军会师。

1936年10月9日，红一、四方面军在甘肃会宁会师。

1936年10月22日，红一、二方面军在甘肃隆德将台堡（今属宁夏）会师。至此，红军长征胜利结束。

1935年6月12日，中国工农红军第一方面军先头部队翻越长征中第一座大雪山——夹金山，到达懋功县（后改为小金县）达维镇，在夹金山北麓的达维桥上与前来迎接的红四方面军一部胜利会师。14日，中共中央、中革军委机关抵达达维镇。当晚，红军总政治部组织了团以上干部联欢会。21日，在懋功的天主教堂里召开了中央红军和红四方面军干部同乐联欢会，庆祝会师的活动达到了高潮。

在此期间陆定一写下了热情奔放、铿锵有力的《两大主力军会合歌》：

两大主力军邛崃山脉胜利会合了，
欢迎四方面军百战百胜英雄弟兄。
团结我们工农武装不可摧毁的力量，哎！
团结我们工农武装不可摧毁的力量，
坚决赤化川陕甘。
万余里长征经历八省险阻与山河，
铁的意志血的牺牲换来伟大的会合。
为了实现抗日救国解放民族的事业，哎！
为了实现抗日救国解放民族的事业，
高举红旗向前进。

懋功会师后，党中央同红四方面军领导人张国焘分裂中央、分裂红军的严重错误进行了坚决的斗争。党中央认为红军和革命发展“总的方针应是占领川陕甘三省，建立三省苏维埃政权”，张国焘则主张向西发展，建立“川康政府”。

由于张国焘推行分裂路线，两军会合后旋即分开。中央红军单独北上，红四方

冲毁的达维会师桥

红一、四方面军达维会师桥

面军则南下。南下途中，张国焘另立“中央”。后来张国焘被迫取消伪中央，再与红二方面军一起北上。

红一、四方面军会师遗址包括达维会师桥和原懋功县城天主教堂干部同乐会遗址两处。

达维会师桥位于懋功县达维镇东1000米的沃日河上，始建于民国初年，是一座片石圆木结构的木桥，呈东北向西南走向，长13.6米，宽2.8米。桥面铺有木板，两边是木制桥栏，是该地区河两岸群众的重要交通要道。由于桥体结构非常简单，多次被山洪冲毁后又重建。

天主教堂由法国传教士余廉霭于1919年组织兴建。天主教堂栏门内是四合院落布局，坐西向东。院内建筑由教堂、西侧厅堂、北侧厢房三部分组成，分别有毛泽东、张闻天、周恩来等革命领袖的住处和会议室等。整座教堂采用砖、石、木作材料，中式结构，西式造型。正面呈现出典型的西式教堂的拱廊、琉璃窗和罗马柱等结构，但是在建筑尾侧又采用中国传统的飞檐，中西结合十分巧妙。

毛泽东、张闻天、周恩来旧居

同乐会天主教堂

同乐会天主教堂室内

2006年5月25日，中华人民共和国国务院将包括红一、四方面军会师遗址（小金县）的达维会师桥和天主教堂在内的阿坝红军长征遗迹公布为第六批全国重点文物保护单位。

2016年12月19日，国家发展和改革委员会将阿坝州小金县达维会师遗址列入《全国红色旅游经典景区名录》。

哈达铺红军长征旧址

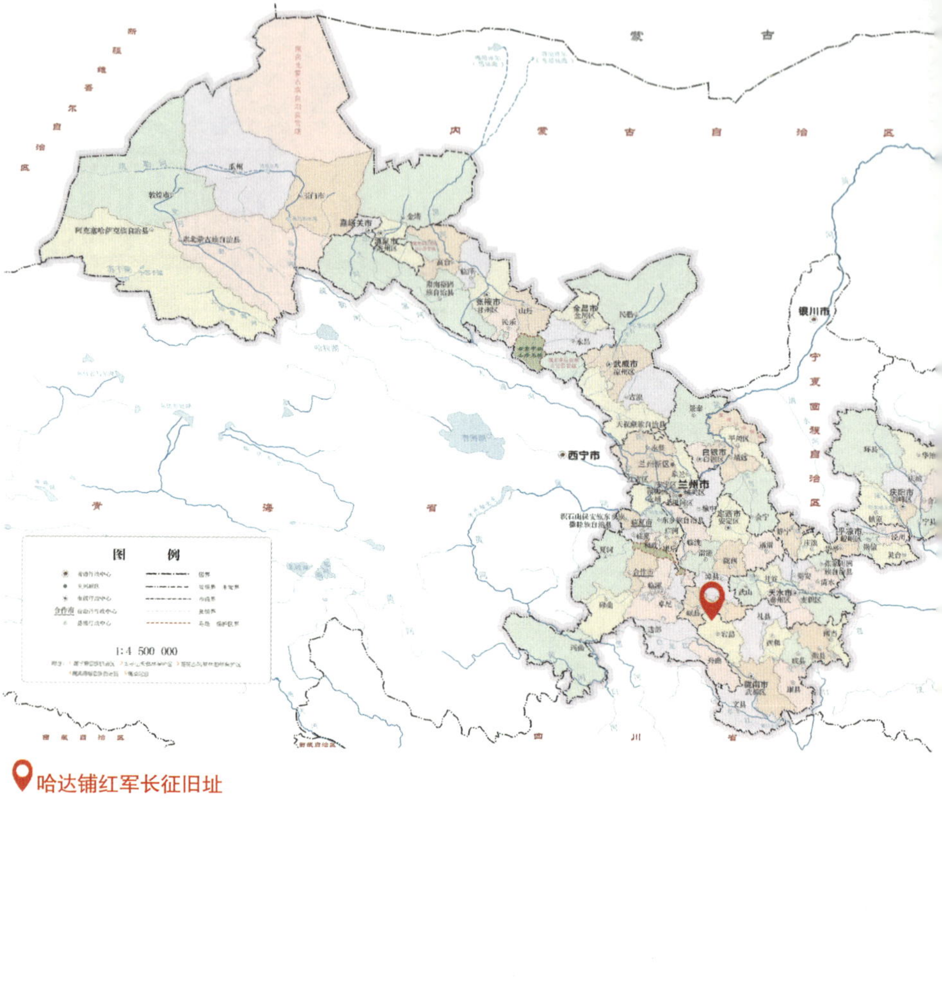

哈达铺红军长征旧址

史实：哈达铺会议、领导人旧居

时间：1935 年 9 月 18 日至 23 日

现址：甘肃省陇南市宕昌县哈达铺镇

文保：2001 年被列为第五批全国重点文物保护单位

1935年6月14日，红一、四方面军懋功会师后，于8月3日兵分两路北上陕甘根据地。

1935年9月18日，中共中央率领红一方面军突破天险腊子口，占领甘肃陇南哈达铺。20日，红一方面军主力全部到达哈达铺。为了恢复指战员体力，总政治部发出了“大家要吃得好”的口号。这时从毛泽东住所义和昌药铺斜对面的邮政代办所获得的《大公报》上，中共中央意外获悉了刘志丹、徐海东等领导的陕甘红军的重要信息。22日上午，中共中央在毛泽东住所召开中央领导人会议，决定改变原建立川陕甘根据地的计划，转向陕北进军。当天下午，在关帝庙召开的红军团以上干部会议上，毛泽东总结了红军长征以来的情况，分析了当前形势，批评了张国焘的错误，明确提出了红军长征到陕北去的战略方针。会上还宣布将红一方面军正式改编为中国工农红军北上抗日陕甘支队，彭德怀任司令员，毛泽东任政委。

红一军团第一师政治部宣传科科长彭加伦连夜创作了歌曲《到陕北去》，用歌曲的形式向全体红军指战员传达了干部会议的精神，鼓舞了红军的士气。

陕北的革命运动大发展，
创造了十几县广大的红区。
陕北的革命运动大发展，
成立了十几万赤色的军队。
迅速北进，会合红军二十五二十六军，
消灭敌人，争取群众，
巩固发展陕北红区，建立根据地。
迅速北进，会合红军二十五二十六军，
消灭敌人，争取群众，
高举抗日鲜红旗帜，援到全国去。

哈达铺既是决定红军长征命运的决策地，又是红军长征途中的“加油站”。

哈达铺老街由380家保留完整的清末民初历史原貌的店铺组成，长约1324米，留存着长征时期的原貌民宅建筑1209座3391间，总面积43306.87平方米，其中保护范围内重点建筑274座842间（包括二层楼建筑），建筑面积11205.87平方米。因为红军长征途中一、二、四方面军陆续驻扎，被人们亲切地称为“红军街”，这里是保留遗址原貌最多的红军街道，又被称为“中国工农红军长征第一街”。

现存革命遗址五处，分别为：毛泽东、张闻天同志住室（义和昌药铺），邮政代办所，红一方面军司令部及周恩来同志住室（同善社），红军干部会议会址（关帝庙），红二方面军总指挥部及贺龙、任弼时、刘伯承、萧克、关向应、李达同志住室（张家大院）。

毛泽东、张闻天住室“义和昌药铺”由临街的十一间南面铺面和院中的三间北房组成，占地1400平方米，建筑面积527.35平方米。北房中间正厅是当时的中共中央办公室，左间是毛泽东住室，右间是张闻天住室。

哈达铺邮政代办所位于“义和昌药铺”斜对面，占地面积54.52平方米，建筑面积43.92平方米。

哈达铺红军街革命旧址

“同善社”原为哈达铺镇商会办公议事地点，是一座紧凑的小四合院，占地面积380.43平方米，建筑面积374平方米。红一方面军到达哈达铺后，司令部就设在这里，正房楼下是红一方面军司令部和周恩来住室。

红一方面军团以上干部会议旧址“关帝庙”建于清道光六年（1826年），光绪年间毁于大火，民国初年重建，“文革”时期拆除。1989年，按照原貌进行重建，新址占地面积2331平方米，建筑面积517.17平方米，为两进四合院。大门的二楼为戏台，庭院中间为过厅。后院为大殿和东、西厢房，干部会议就是在此院内召开的。

1936年9月1日，贺龙、任弼时、刘伯承、萧克、关向应、李达等同志率领的红二方面军到达哈达铺，总指挥部就设在这座张姓大户的院子里，红二方面军的领导也住在这里。

1984年以来，对几处主要旧址按原貌先后进行了恢复和维修。1985年10月正式建馆。

红军街入口

2001年6月11日，中共中央宣传部公布宕昌县哈达铺红军长征纪念馆为第二批全国爱国主义教育示范基地。

2001年6月25日，中华人民共和国国务院公布哈达铺红军长征旧址为第五批全国重点文物保护单位。

2005年9月16日，建设部、国家文物局公布甘肃省宕昌县哈达铺镇为第二批中国历史文化名镇。

红军街

义和昌药铺

毛泽东、张闻天住室

邮政代办所

同善社

周恩来住室

关帝庙大殿

张家大院

瓦窑堡会议会址

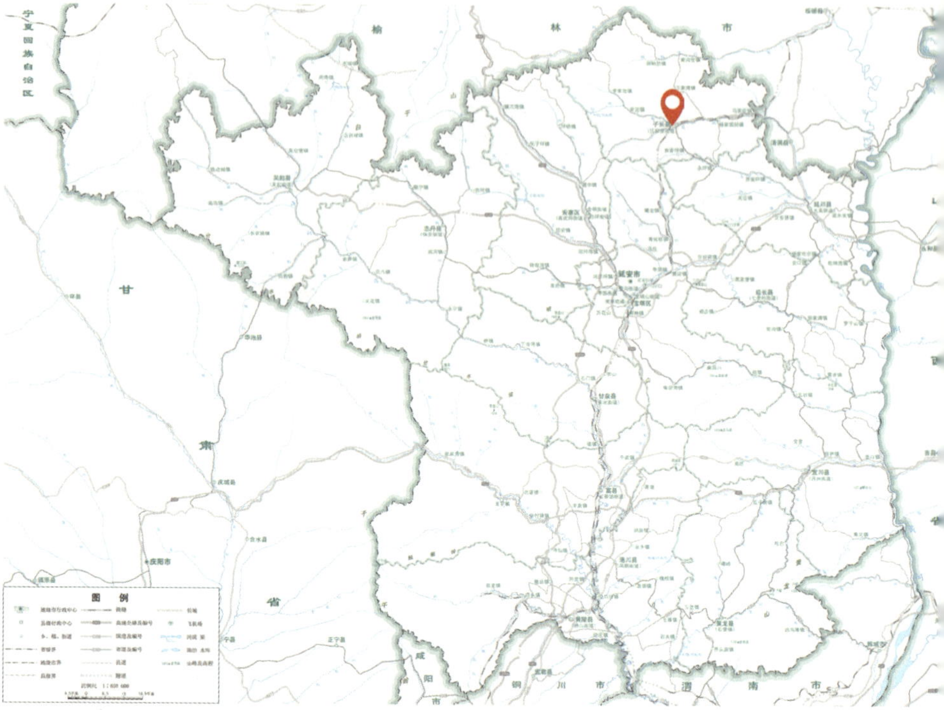

瓦窑堡会议会址

史实：瓦窑堡会议

时间：1935 年 12 月 17 日至 25 日

现址：陕西省延安市子长市中山街 151 号

文保：1988 年被列为第三批全国重点文物保护单位

1935年12月13日，中共中央和红军主力在取得直罗镇战役胜利后，到达陕北安定县（后改名子长县）瓦窑堡镇。17日，中共中央在瓦窑堡召开一次重要的政治局扩大会议。这次会议是根据共产国际七大的决议，在抗日救亡运动重新高涨的形势下，亟须制定新的战略策略的情况下召开的。出席会议的有毛泽东、张闻天、周恩来、博古、李维汉、王稼祥、刘少奇、邓发、凯丰、张浩、邓颖超、吴亮平、郭洪涛等十余人，共产国际军事顾问李德也参加了会议。

中共驻共产国际代表张浩传达了共产国际七大的精神和中共代表团发布“八一宣言”的经过，张闻天主持会议并作关于政治形势与策略问题的报告。23日，毛泽东作了军事问题的报告。

《瓦窑堡会议》，王国征，2011年，油画，藏于瓦窑堡延安革命旧址纪念馆

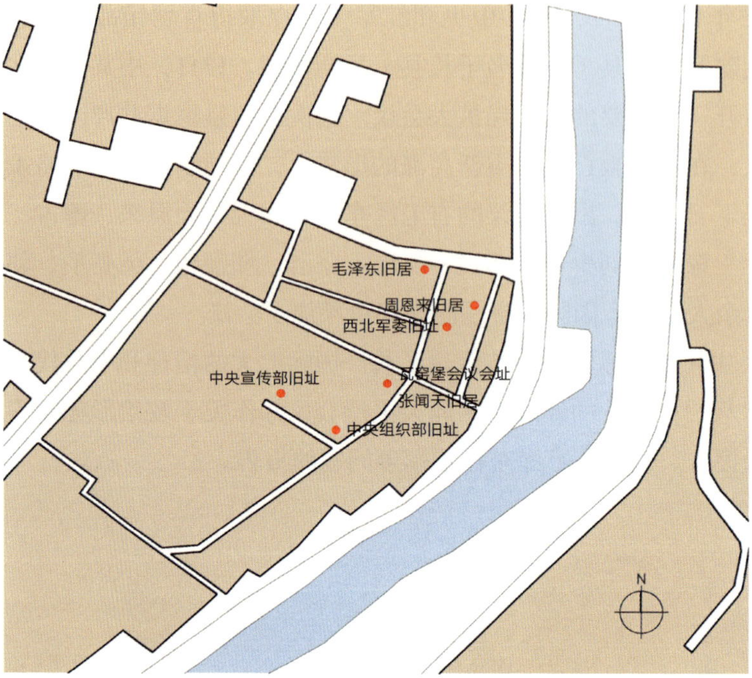

瓦窑堡部分革命旧址分布

瓦窑堡会议是土地革命战争到抗日战争转折时期召开的一次重要会议，是遵义会议的继续和发展。瓦窑堡会议提出党的基本策略任务是建立广泛的抗日民族统一战线，批评了党内长期存在的“左”倾冒险主义、关门主义错误倾向。中国共产党在新的历史时期即将到来时掌握了政治主动权。

瓦窑堡会议会址位于城内二道街前河滩田家院内。院内有砖窑五孔，坐西向东。左起第一孔是工作人员住室，第二孔是张闻天的住室，第三孔是瓦窑堡会议的会议室，第四、第五孔也是会议室。会址窑洞不大，放着两张八仙桌和六个木条凳，小炕上还放着一张小炕桌。

1935年11月7日至1936年6月21日，瓦窑堡为中共中央驻地。除瓦窑堡会议会址外，瓦窑堡革命旧址还包括中央军委旧址，中国抗日红军大学校址及毛泽东、周恩来、刘少奇旧居等。

1988年1月13日，中华人民共和国国务院公布瓦窑堡革命旧址为第三批全国重点文物保护单位。

瓦窑堡会议会址

1997年6月11日，中共中央宣传部公布瓦窑堡革命旧址为首批百个爱国主义教育示范基地。

2005年，国家发展和改革委员会将包括子长县瓦窑堡会议旧址在内的延安市延安革命纪念地系列景区（点）列入《全国红色旅游经典景区第一批名录》。

瓦窑堡会议会场

红军一、二、四方面军会宁会师旧址

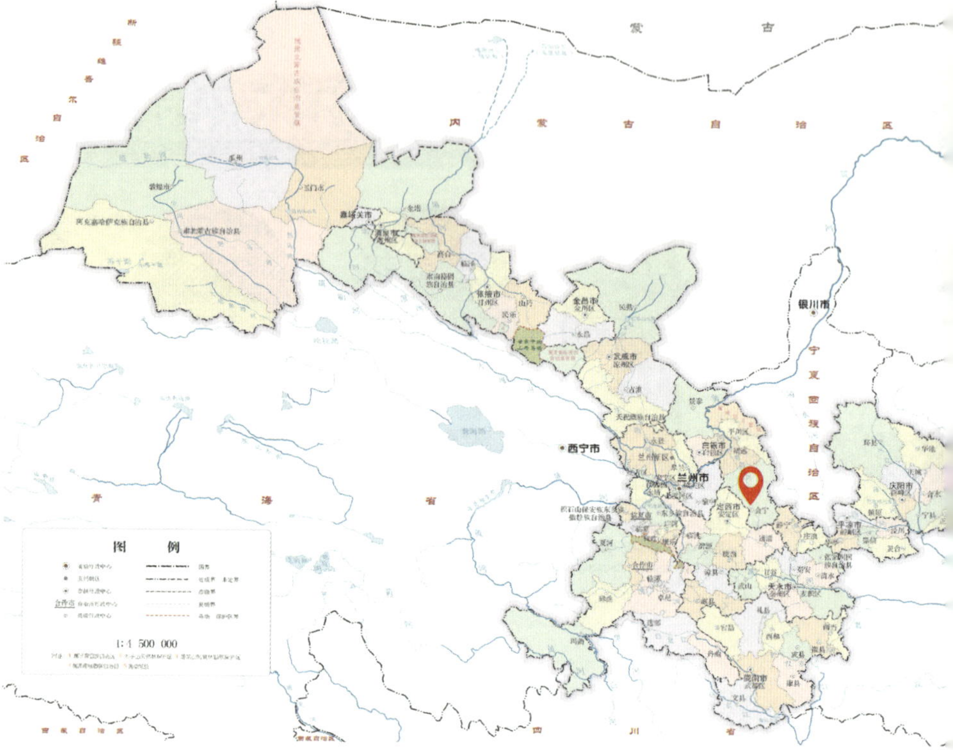

红军一、二、四方面军会宁会师旧址

史实：红军一、二、四方面军会宁会师

时间：1936 年 10 月 2 日至 5 日

现址：甘肃省白银市会宁县会师镇会师北路 7 号

文保：1996 年被列为第四批全国重点文物保护单位

红一、四方面军懋功会师后，于1935年8月3日，分左、右两路军北上。张国焘继续推行分裂路线，反对中共中央两河口会议关于红军北上建立川陕甘革命根据地的决定，主张红军南下川康藏边境少数民族地区。他带领以红四方面军为主力的左路军南下另立“中央”。1936年7月2日，红四方面军与红二、六军团在西康甘孜会师。张国焘的分裂活动遭到强烈反对后，被迫同意与新改编的红二方面军共同北上与红一方面军会师。

1935年8月，红一方面军走过荒草地、翻过大雪山到达甘肃。中央政治局先后在哈达铺和榜罗镇召开会议，确定将长征的落脚点放在陕甘革命根据地。1936年7月，中共中央进驻陕西省延安市保安县（今志丹县）。

1936年10月2日凌晨，红一方面军十五军团直属骑兵团打进西津门，攻占了会宁城。“潮涌三军喜相聚，贺电齐致飞会宁。”10月9日，红四方面军指挥部到达甘肃会宁，同红一方面军会合。10日，中共中央、中华苏维埃中央政府、中革军委联名发表通电，向红军领导人及全体指战员致以热烈的慰问和祝贺。22日，红二方面军指挥部到达隆德将台堡，同红一方面军会合。至此，三大主力红军的长征胜利结束。

《三大主力会师》，蔡亮、张自嶷，1977年，油画，藏于中国人民革命军事博物馆

红一方面军长征历时一年，纵横十一省，行程二万五千里。红四方面军长征历时一年零七个月，途经四省，行程近万里。红二方面军长征历时十一个月，途经八省，行程一万六千多里。

“讲到长征，请问有什么意义呢？我们说，长征是历史纪录上的第一次，长征是宣言书，长征是宣传队，长征是播种机。自从盘古开天地，三皇五帝到于今，历史上曾经有过我们这样的长征吗？十二个月光阴中间，天上每日几十架飞机侦察轰炸，地下几十万大军围追堵截，路上遇着了说不尽的艰难险阻，我们却开动了每人的两只脚，长驱二万余里，纵横十一个省。请问历史上曾有过我们这样的长征吗？没有，从来没有的。长征又是宣言书。它向全世界宣告，红军是英雄好汉，帝国主义者和他们的走狗蒋介石等辈则是完全无用的。长征宣告了帝国主义和蒋介石围追

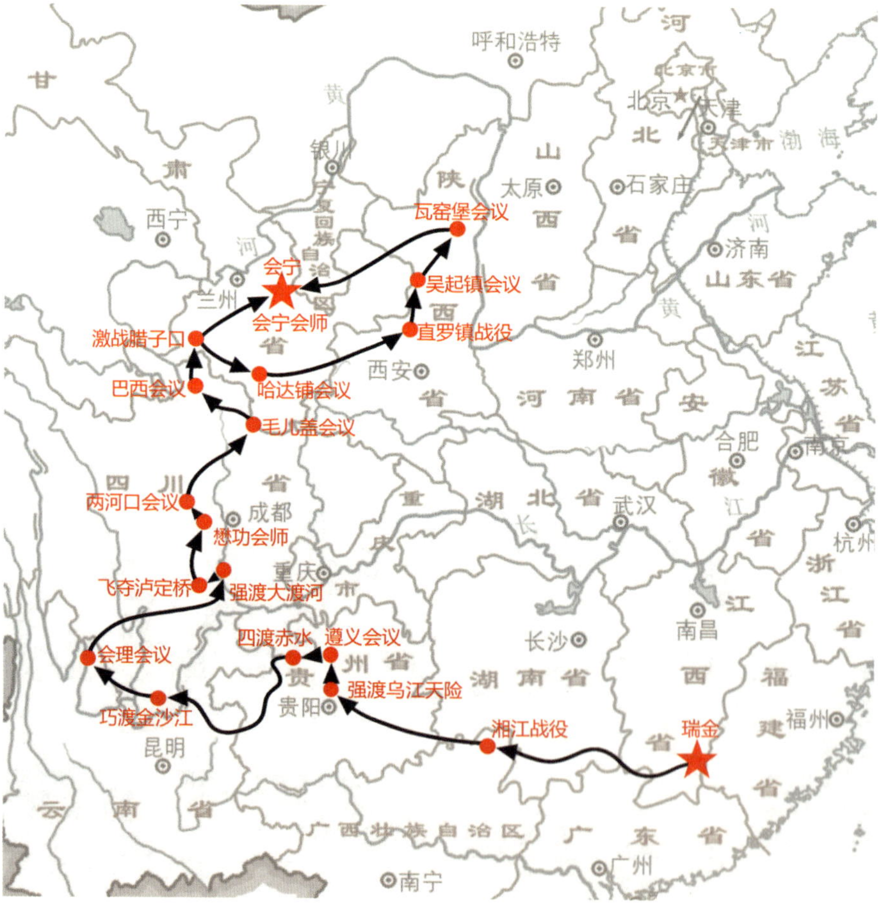

中央红军长征路线及重要事件

堵截的破产。长征又是宣传队。它向十一个省内大约两万万人民宣布，只有红军的道路，才是解放他们的道路。不因此一举，那么广大的民众怎会如此迅速地知道世界上还有红军这样一篇大道理呢？长征又是播种机。它散布了许多种子在十一个省内，发芽、长叶、开花、结果，将来是会有收获的。总而言之，长征是以我们胜利、敌人失败的结果而告结束。谁使长征胜利的呢？是共产党。没有共产党，这样的长征是不可能设想的。中国共产党，它的领导机关，它的干部，它的党员，是不怕任何艰难困苦的。谁怀疑我们领导革命战争的能力，谁就会陷进机会主义的泥坑里去。长征一完结，新局面就开始。直罗镇一仗，中央红军同西北红军兄弟般的团结，粉碎了卖国贼蒋介石向着陕甘边区的‘围剿’，给党中央把全国革命大本营放在西北的任务，举行了一个奠基礼。”（1935年12月27日，毛泽东《论反对日本帝国主义的策略》）

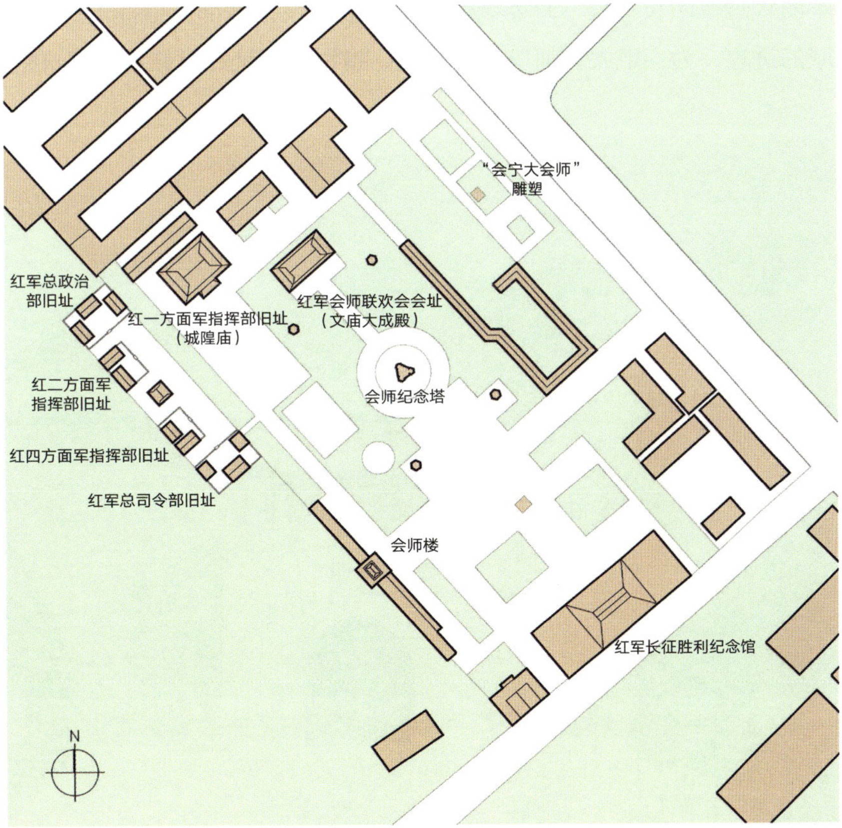

红军会宁会师园平面图

会宁红军会师旧址，也称为会师园，是为纪念中国工农红军第一、二、四方面军胜利会师而扩建的革命遗址。主要建筑有：红军会师楼及古城墙、红军会师联欢会会址（文庙大成殿）、三军会师纪念塔（会师塔）、会宁红军会师革命文物陈列馆、红军长征将帅碑林等。

红军会师楼及古城墙，原为会宁古城西城门，也称西津门，始建于明代洪武六年（1373年），1986年、2006年两次维修，现存建筑是在原址上依原貌维修的。1962年，甘肃省人民政府批准改“西津门”为“会师门”，城门楼为“会师楼”。

红军会师联欢会旧址，原为文庙大成殿，始建于明弘治十三年（1500年）。明嘉靖、清乾隆年间及1986年多次进行维修。2006年，又一次进行了大规模的维修。大殿坐北向南，七开间五进重檐歇山顶建筑，东西长19.5米，南北深13.4米，占地面积274.7平方米。

红一方面军指挥部旧址，原为会宁县城隍庙大殿，也是明代建筑。红一方面军一军团代理军团长左权、政委聂荣臻曾在殿内设指挥部，指挥击退了国民党军对会宁县城的进攻，为会宁大会师奠定了基础。指挥部旧址经过修复，建筑整体保持较好。

会师门与会师楼

红军会师联欢会旧址——文庙大成殿

红一方面军指挥部旧址——城隍庙大殿

1996年11月20日，中华人民共和国国务院公布会宁红军会师旧址为第四批全国重点文物保护单位。

1997年6月11日，中共中央宣传部公布会宁红军会师楼为首批百个爱国主义教育示范基地。

2008年10月，国家旅游局公布白银市会宁红军会师旧址为国家AAAA级旅游景区。

2016年12月19日，国家发展和改革委员会将包括白银市会宁县红军长征会师旧址在内的甘肃红军长征红色旅游系列景区（点）列入《全国红色旅游经典景区名录》。

中共中央凤凰山麓旧址

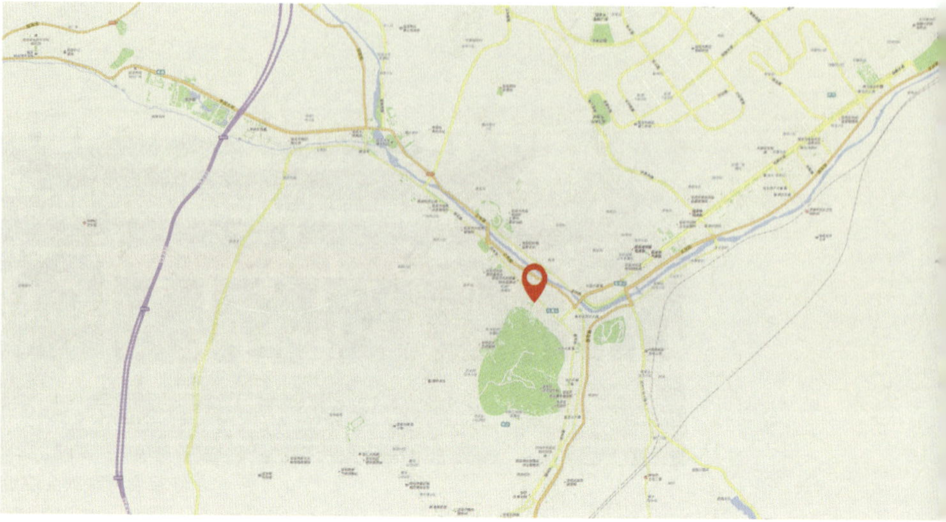

中共中央凤凰山麓旧址

史实：中共中央驻地和领导人旧居

时间：1937 年 1 月 13 日至 1938 年 11 月 20 日

现址：陕西省延安市宝塔区凤凰大街 20 号

文保：1961 年被列为第一批全国重点文物保护单位

1936年7月至1937年1月，中共中央、中华苏维埃政府和中央军委曾驻在保安县（今志丹县），此时延安城由国民党东北军占领。

1936年12月12日，张学良、杨虎城对蒋介石实行了停止内战一致抗日的“兵谏”，发动了震惊中外的西安事变。应张、杨电邀，中共中央派周恩来、叶剑英、博古等前往西安参加协商解决西安事变事宜。西安事变后，东北军撤离延安城。12月18日，红军正式接管延安，中共中央由保安迁往延安。延安原名肤施县，中共中央进驻后，取原延安府名，改肤施县为延安市。

凤凰山麓是中共中央到达延安后的第一个驻地，1937年1月至1938年11月，毛泽东等中央领导在此居住。为了贯彻全面抗战路线，中共中央先后召开了许多重要会议，如洛川会议和六届六中全会等，推动了各项工作的迅速发展。

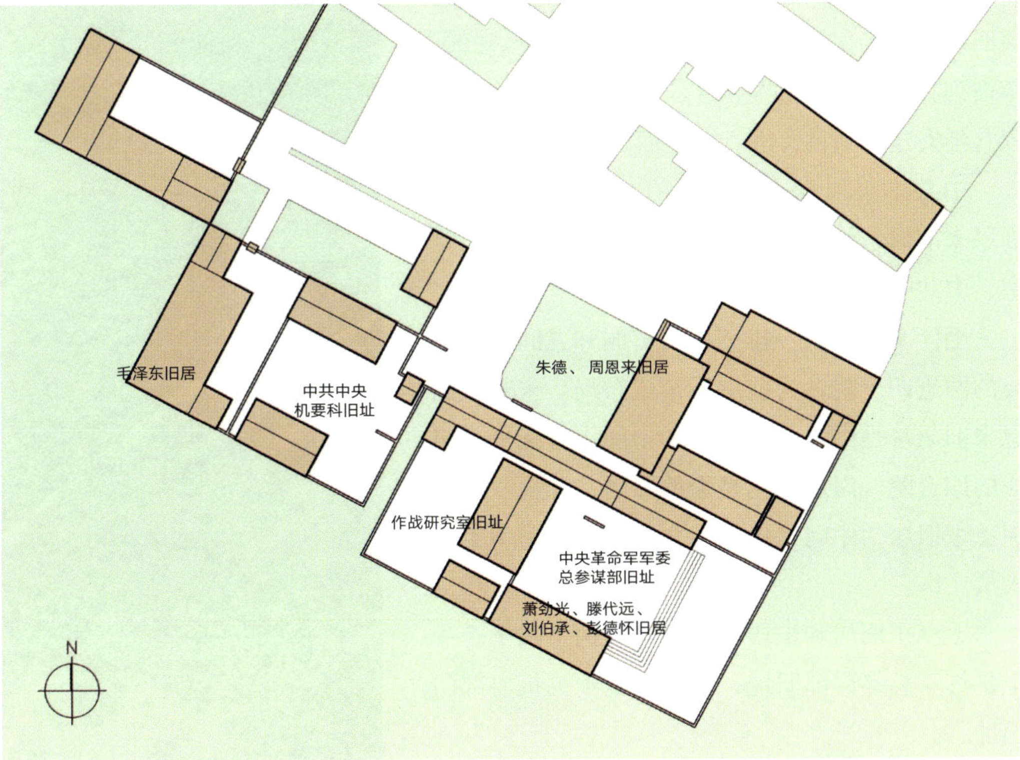

凤凰山麓领导人旧居总平面图

在此居住期间，毛泽东写下了《实践论》《矛盾论》《抗日游击战争的战略问题》《论持久战》《反对自由主义》《战争和战略问题》等重要著作，先后会见了白求恩等众多国际友人和国民党将领，主持召开了中央政治局四月会议、党的全国代表会议等；批判了张国焘、王明右倾投降主义路线，制定了党在抗日民族统一战线中的独立自主原则和持久战的战略方针，为抗日战争的胜利奠定了基础。

1938年11月20日，日本侵略军飞机首次轰炸延安，延安旧城被严重毁坏，中共中央及毛泽东等领导同志随即迁往延安城西北的杨家岭。

1947年3月，国民党军队胡宗南部侵占延安后，这里的建筑物大部分遭到毁坏。1957年后，该旧址窑洞、房屋依原样陆续进行了修复。2006年被列为中央启动的爱国主义教育基地“一号工程”延安建设项目，进行了全面的保护性维修。

中共中央凤凰山麓旧址有毛泽东、朱德、周恩来旧居，红军总参谋部、中央军委作战研究室、中共中央机要科等。

毛泽东旧居系一排三孔石窑洞和九间平房组成的两进四合院，为前房后窑式布局。朱德、周恩来旧居院是由三孔石窑洞和十间小青瓦平房组成的四合院。南边一孔是朱德旧居，北边一孔是周恩来旧居，中间是他们的会客室，平房为工作人员住房。

毛泽东旧居和朱德旧居中间有两个院子，一个是红军总参谋部旧址，另一个是中央机要部门旧址。

凤凰山麓领导人旧居鸟瞰

毛泽东旧居

朱德、周恩来旧居

中央军委作战研究室和军委领导人旧居

毛泽东旧居室内

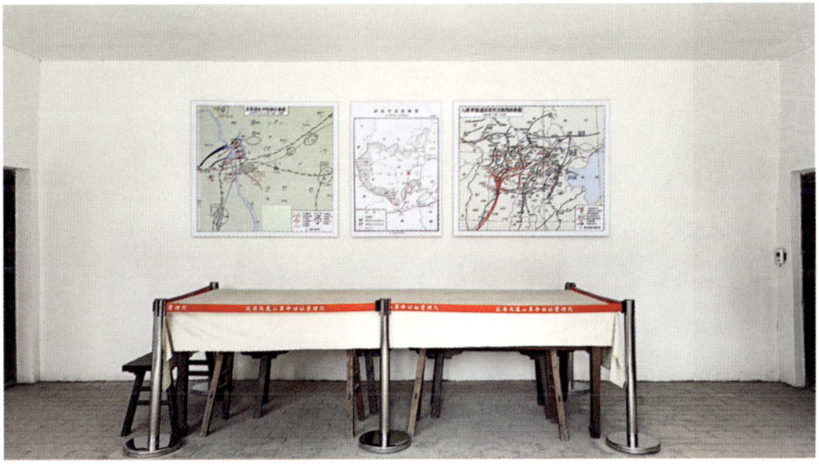

红军总参谋部室内

1961年3月4日，中华人民共和国国务院公布包括凤凰山革命旧址在内的延安革命旧址为第一批全国重点文物保护单位。

1997年6月11日，中共中央宣传部公布包括凤凰山在内的延安革命纪念地为首批百个爱国主义教育示范基地。

2005年，国家发展和改革委员会将包括凤凰山旧址在内的延安市延安革命纪念地系列景区（点）列入《全国红色旅游经典景区第一批名录》。

中央军委、八路军总部王家坪旧址

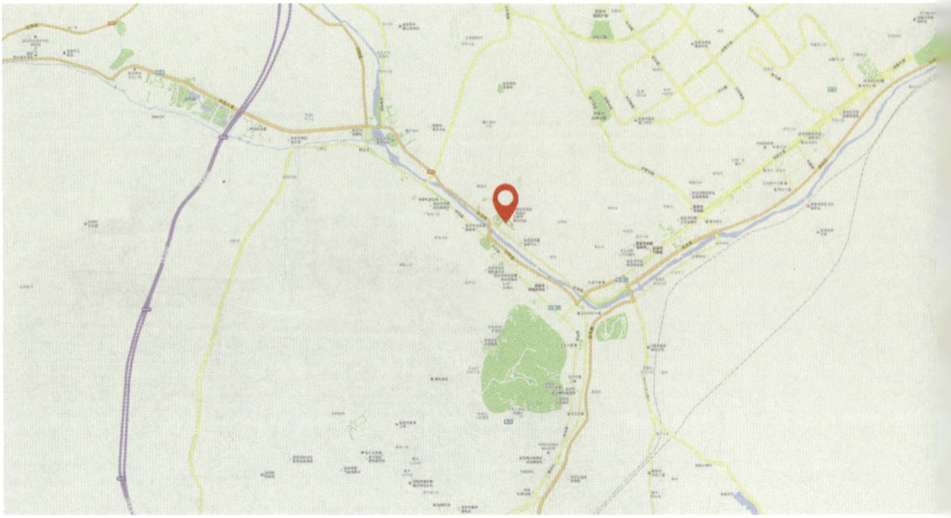

中央军委、八路军总部王家坪旧址

史实： 中央军委、八路军总部驻地

时间： 1937 年 8 月至 1947 年 3 月

现址： 陕西省延安市宝塔区王家坪路

文保： 1961 年被列为第一批全国重点文物保护单位

1931年1月，中共苏区中央局成立的同时，还成立了中华苏维埃中央革命军事委员会（简称“中央苏区中革军委”），项英任主席，朱德、毛泽东任副主席。11月底召开的中华苏维埃第一次全国代表大会决定成立中华苏维埃共和国中央革命军事委员会（简称“中革军委”），朱德任主席，王稼祥、彭德怀为副主席，毛泽东、周恩来、叶剑英等15人为委员，红军历史上的中革军委即由此开始。1933年1月，中共临时中央从上海迁入中央苏区，临时中央下属的中央军事委员会并入中革军委。1936年10月，红军三大主力会师后，中华苏维埃共和国临时中央政府决定由毛泽东等六人组成中央革命军事委员会主席团。1937年8月底的洛川会议决定组成中共中央革命军事委员会，毛泽东为主席，朱德、周恩来为副主席，标志着中央军委由政权系统恢复为党的系统。洛川会议还决定将陕甘地区的红军主力改编为国民革命军第八路军，红军前敌总指挥部改为第八路军总指挥部，朱德任总指挥，彭德怀任副总指挥。9月中旬，国民政府将八路军改称国民革命军第十八集团军，八路军总指挥部改称第十八集团军总司令部。朱德改任总司令，彭德怀改任副总司令。

中央军委、八路军总部王家坪旧址鸟瞰

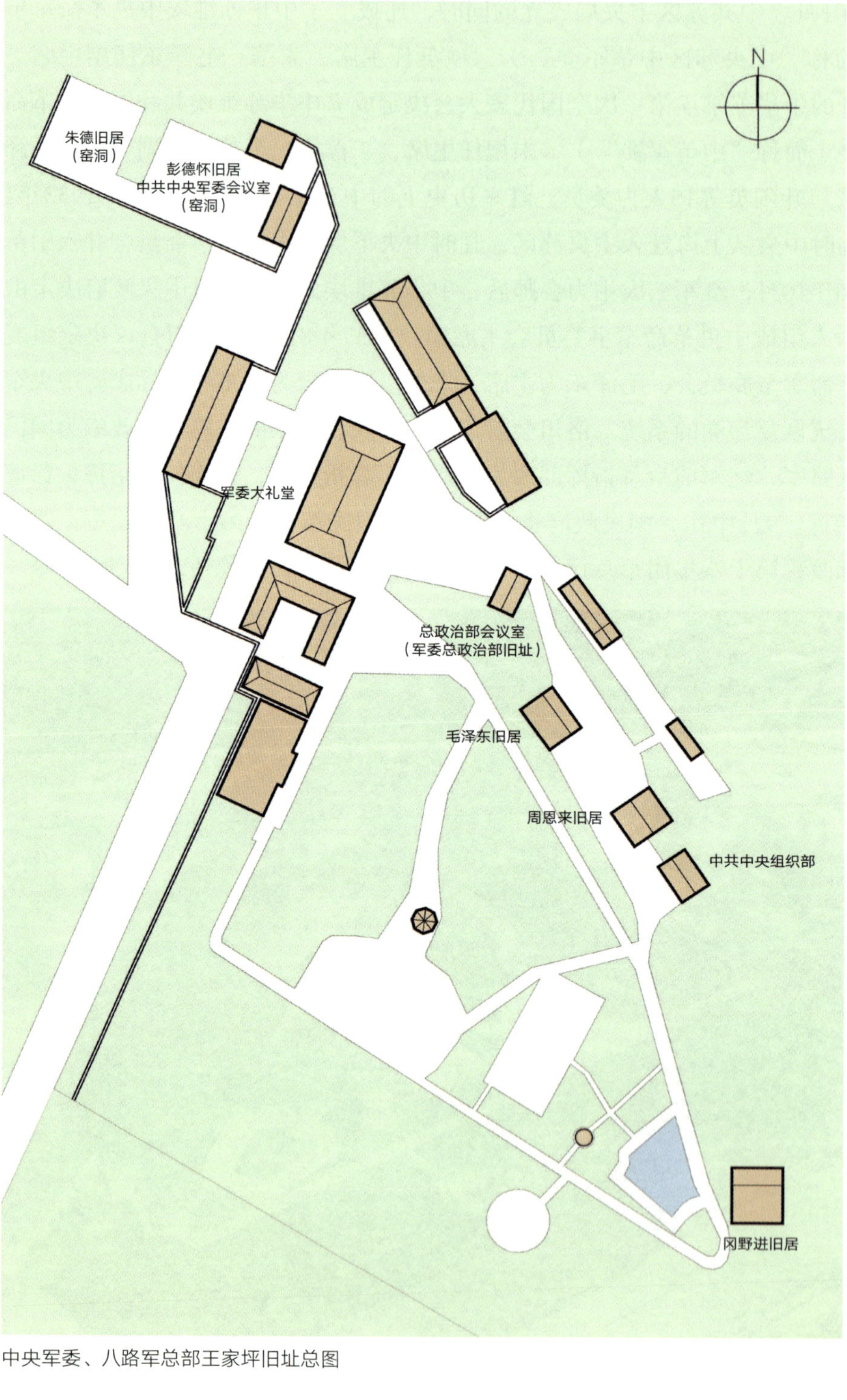

中央军委、八路军总部王家坪旧址总图

但此后仍习惯称为“八路军”。

1937年8月至1947年3月，王家坪是中共中央军事委员会（简称“中央军委”）和八路军总司令部（后改为中国人民解放军总司令部）的所在地，也是毛泽东、朱德、彭德怀、叶剑英、王稼祥等领导同志和中央军委及八路军总部所属机关负责同志住过的地方。在此期间，毛泽东发表了《以自卫战争粉碎蒋介石的进攻》《集中优势兵力，各个歼灭敌人》等重要文章。朱德为“七大”起草了《论解放区战场》的军事报告，撰写了《克服困难，向前迈进》等文章，发表了著名散文《母亲的回忆》。

1945年8月15日，日本无条件投降，9月5日，延安各界人民举行了庆祝抗战胜利大会。1947年3月初，国民党胡宗南部向延安和陕甘宁边区发动“重点进攻”，并出动了大批飞机轰炸延安。3月18日，毛泽东、周恩来率部由这里撤离，踏上转战陕北之路。

1947年3月，国民党军占领延安后，这里的部分建筑遭到破坏。1957年，王家坪革命旧址开始修复。1959年，正式对外开放。

王家坪革命旧址原为南北两院，南院为政治部，北院为司令部。南院有这里最大的建筑——军委大礼堂，由三五九旅木工伍积禅设计，是军委和总部的工作人员自己动手修建的，1943年建成。建筑是一座七开间土木石结构的大瓦房，高

中央军委大礼堂

中央军委大礼堂室内

毛泽东旧居

毛泽东旧居寝室

大宽敞、四角翘起，面阔15米，进深28米，可容纳500多人开会。当年军委和总部的一些大型会议、晚会等集体活动都在这里举行。军委礼堂东侧的两间平房是毛泽东同志会客室旧址。毛泽东旧居在毛泽东会客室东面的土坡下，有两孔石窑洞，是毛泽东的办公室和寝室。1946年1月至1947年3月，毛泽东曾住在这里。门前有一石桌，是毛泽东送毛岸英到农村劳动时谈话的地方。

北院分为前后两院，前院有军委会议室，朱德同志经常在此召开重要会议，后院住朱德、彭德怀等领导人。朱德旧居位于军委礼堂西侧军委参谋部后院，有三个朝南的石窑洞，右起第一孔是办公室，第二孔是会客室，第三孔是寝室。1941年春到1945年8月，朱德住在这里。彭德怀旧居位于参谋部前院，有三孔石窑洞。1947年2、3月间，彭德怀住在这里，指挥保卫延安的战斗。

《到劳动大学去》，师寻，1973 年，中国画，171 cm × 107 cm，藏于中国美术馆

1961年3月4日，中华人民共和国国务院公布包括王家坪旧址在内的延安革命旧址为第一批全国重点文物保护单位。

1997年6月11日，中共中央宣传部公布包括王家坪在内的延安革命纪念地为首批百个爱国主义教育示范基地。

2005年，国家发展和改革委员会将包括王家坪旧址在内的延安市延安革命纪念地系列景区（点）列入《全国红色旅游经典景区第一批名录》。

洛川会议会址

洛川会议会址

史实：中共中央政治局扩大会议

时间：1937 年 8 月 22 日至 25 日

现址：陕西省延安市洛川县永乡镇冯家村

文保：2001 年被列为第五批全国重点文物保护单位

1937年7月7日，卢沟桥事变爆发，日本全面侵华战争由此开始。

8月22日—25日，中共中央在陕北洛川召开政治局扩大会议（洛川会议）。会议指出，必须坚持统一战线中无产阶级的领导权，在敌人后方放手发动独立自主的山地游击战争，在国民党统治区放手发动抗日的群众运动。会议通过《中国共产党抗日救国十大纲领》和《中共中央关于目前形势与党的任务的决定》，标志着党的全面抗战路线的正式形成。会议决定成立中共中央革命军事委员会，毛泽东为书记（亦称主席），朱德、周恩来为副书记（亦称副主席）。

8月25日，中共中央革命军事委员会发布命令，宣布红军改名为国民革命军第八路军（简称八路军），下辖三个师，全军约4.6万人。红军前敌总指挥部改为第八路军总指挥部，朱德任总指挥，彭德怀任副总指挥。之后，党在南方八省的红军游击队（琼崖红军游击队除外），改编为国民革命军陆军新编第四军（简称新四军），下辖四个支队，全军约1.03万人。叶挺任军长，项英任副军长。

洛川会议是在抗日战争刚刚爆发的历史转折关头召开的一次重要会议。它正确地制定了一条与国民党片面抗战路线针锋相对的全面抗战路线，规定了党在抗日时

《洛川会议》，胜利设计院，2014年，油画，藏于洛川会议纪念馆

期的政治纲领、基本任务和各项政策，从而为全党和全国人民指明了斗争方向，为争取抗日战争的伟大胜利奠定了基础。

洛川会议会址位于洛川县城北永乡镇冯家村，1961年确认为其准确位置，1966年成立洛川会议会址管理筹备处，并对外开放，1980年更名为洛川会议纪念馆。

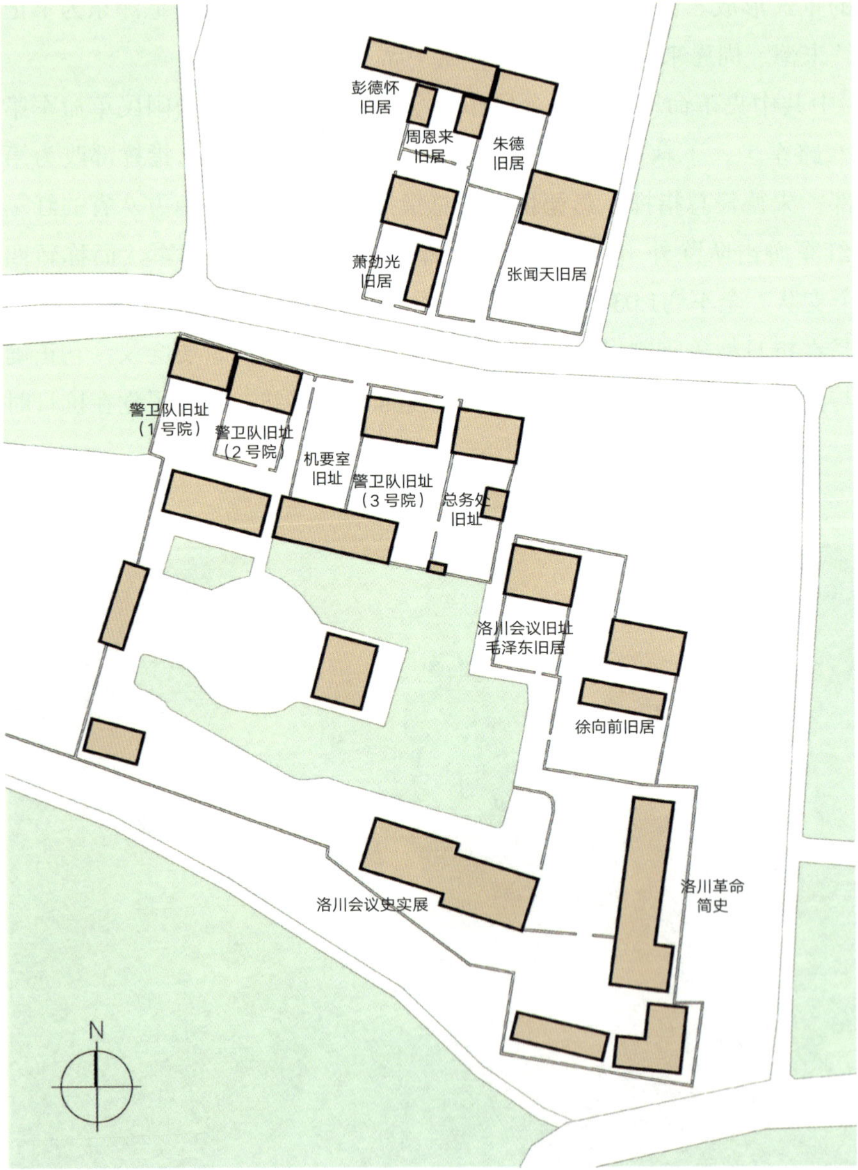

洛川会议纪念馆平面图

洛川会议纪念馆自1966年建馆以来，曾多次进行修缮，特别是经过2003年和2009年两次扩建、维修、重新布展，旧址面貌发生了较大的变化。2005年洛川会议纪念馆被国家列入“中央一号工程”范畴内。经过近两年的维修和布展，现已对外开放了徐向前旧居、警卫排、总务处、机要室等旧址6个院落11孔窑洞和5间瓦房。

馆舍占地面积19869平方米，建筑面积940.6平方米。会议会址现存一座小院，长14米，宽11.5米，内有坐北朝南砖砌窑洞两孔。左侧窑洞为会议会址，右侧窑洞为毛泽东居室兼办公室。此外还有会议期间张闻天、周恩来、朱德、彭德怀、徐向前、萧劲光等居住过的6个院落及警卫排总务处等旧址12个院落25孔窑洞。

会议室悬挂有出席洛川会议的领导人照片、会议原物、八仙桌、马鞍凳、条桌、太师椅等，再现了当时开会的历史场景。

洛川会议会址

洛川会议纪念馆入口

洛川会议会场

洛川会议纪念馆鸟瞰

2001年6月12日，中共中央宣传部公布洛川会议纪念馆为第二批百个爱国主义教育示范基地。

2001年6月25日，中华人民共和国国务院公布洛川会议旧址为第五批全国重点文物保护单位。

2016年12月19日，国家发展和改革委员会将洛川会议纪念馆列入《全国红色旅游经典景区名录》。

平型关战役遗址

平型关战役遗址

史实：八路军一一五师阻击进犯日军并取得胜利的著名战役

时间：1937 年 9 月 25 日

现址：山西省大同市灵丘县白崖台乡

文保：1961 年被列为第一批全国重点文物保护单位

1937年9月23日，八路军总部在朱德总司令率领下进驻五台县南茹村。在此期间，八路军取得了一一五师的平型关大捷、一二〇师的雁门关伏击战以及一二九师的夜袭阳明堡飞机场等战斗胜利。

1937年7月侵华日军占据平津后，于1937年9月21日向平型关一线进犯，企图突破平型关防线与雁门关以北日军汇合攻占太原，进而占领山西全省。国民党第二战区司令长官阎锡山命傅作义部前往增援，并致电朱德总司令要求八路军配合作战。八路军一一五师主力在师长林彪、副师长聂荣臻率领下赶到平型关以配合友军。

1937年9月24日夜，八路军一一五师师长林彪率领三个团冒雨设伏于平型关东北峡谷两侧的悬崖上，并于25日清晨成功伏击了日本侵略军板垣师团第二十一旅团主力及其辎重车辆，歼敌1000余人，缴获大量武器弹药和军用物资。平型关战役是太原会战中的一场战役，是抗日战争全面爆发以来国共两党军队第一次联手阻击进犯日军并取得胜利的著名战役，也是八路军出师以来打的第一个大胜仗，给锐气正盛的日军以迎头痛击，大大鼓舞了中国人民抗日斗争的士气。

老爷庙院内建筑

平型关大捷纪念馆和参战主要将领雕塑

平型关战役遗址位于山西省大同城东南灵丘县城西南的蔡家峪、小寨及白崖台乡的关沟、辛诘、跑池一带。平型关战役遗址包括平型关大捷纪念碑、一一五师指挥所、平型关关口、战役纪念馆、主战场乔沟、老爷庙、邓峰寺、将帅广场、驿马岭阻击战遗址等建筑。

在乔沟伏击战中，被围困在乔沟西段的日军抢占了老爷庙梁高地，并对公路上的我军第六八六团进行反击。第六八六团第三营在第六八五团、第六八七团各一部的配合下，夺回了老爷庙梁高地，并将该地区400多名敌人全部歼灭。

老爷庙制高点位于乔沟西北侧，老爷庙坐西北朝东南，是当地老百姓依山而建的一座小庙，前低后高，是沟堑的制高点。庙前一片平缓的坡地向东南伸去。

1961年3月4日，中华人民共和国国务院公布平型关战役遗址为第一批全国重点文物保护单位。

2001年6月11日，中共中央宣传部公布平型关战役遗址为第二批百个爱国主义教育示范基地。

2005年，国家发展和改革委员会将包括灵丘县平型关战役遗址在内的大同市红色旅游系列景区（点）列入《全国红色旅游经典景区第一批名录》。

陕甘宁边区政府旧址

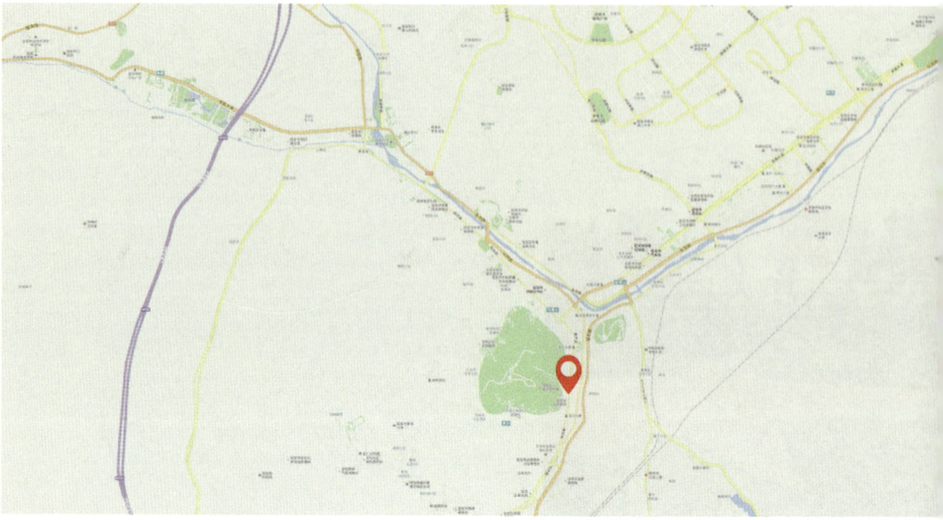

陕甘宁边区政府旧址

史实： 中华苏维埃共和国临时中央政府西北办事处和领导人旧居

时间： 1937 年 9 月 6 日至 1949 年 6 月 14 日

现址： 陕西省延安市宝塔区南关街 26 号

文保： 1961 年被列为第一批全国重点文物保护单位

1935年11月7日，中共中央机关到达陕甘革命根据地中心瓦窑堡，10日，在瓦窑堡成立中华苏维埃共和国临时中央政府驻西北办事处，博古任主席，后由林伯渠、董必武先后代理。1935年12月的瓦窑堡会议决议，将中华苏维埃共和国临时中央政府变更为中华苏维埃人民共和国临时中央政府，西北办事处变更为中华苏维埃人民共和国临时中央政府西北办事处。

1937年9月6日，中国共产党为团结抗日，将中华苏维埃人民共和国临时中央政府西北办事处正式改称陕甘宁边区政府，林伯渠任主席，张国焘、高自立、李鼎铭、刘景范先后任副主席。陕甘宁边区辖23个县，人口约150万，首府为延安。

1939年1月17日至2月4日，陕甘宁边区第一届参议会在延安召开。会议选举出高岗为陕甘宁边区参议会议长，选举林伯渠为边区政府主席。2月6日，第一届经过民主选出的边区政府委员在延安宣誓就职，陕甘宁边区政府正式成立。

延安大礼堂

陕甘宁边区政府旧址

陕甘宁边区在中共中央直接指导下，在政治、军事、经济、文化、教育等各项建设中取得了重大成就，积累了丰富经验，是模范的抗日民主根据地，是中国人民解放斗争的总后方。

陕甘宁边区政府建筑群于1938年开始修建，先后建成窑洞53孔，平房百余间，石窑三层。边区政府主席林伯渠、副主席李鼎铭住在第三层，其余为各厅、局办公室。现尚保存“凹”字形石窑三排，并加层改为职工宿舍。靠山脚处有一排五孔石窑洞，中间一孔为边区政府会议厅。

延安大礼堂原为陕甘宁边区参议会礼堂，兴建于1941年2月，当年10月竣工。

边区第二届参议会第一次会议、第二次会议，第三届参议会第一次会议以及边区劳动英雄代表大会，边区职工代表大会，延安大学重新开学典礼等重要会议曾先后在此召开。

1947年3月，国民党军队进犯延安后，礼堂遭到严重破坏。1949年以后，礼堂经过多次维修，外观上仍保持了原建筑物的风貌。

1961年3月4日，中华人民共和国国务院公布包括陕甘宁边区政府旧址在内的延安革命旧址为第一批全国重点文物保护单位。

2005年，国家发展和改革委员会将包括陕甘宁边区政府旧址在内的延安市延安革命纪念地系列景区（点）列入《全国红色旅游经典景区第一批名录》。

林伯渠、李鼎铭旧居

八路军武汉办事处旧址

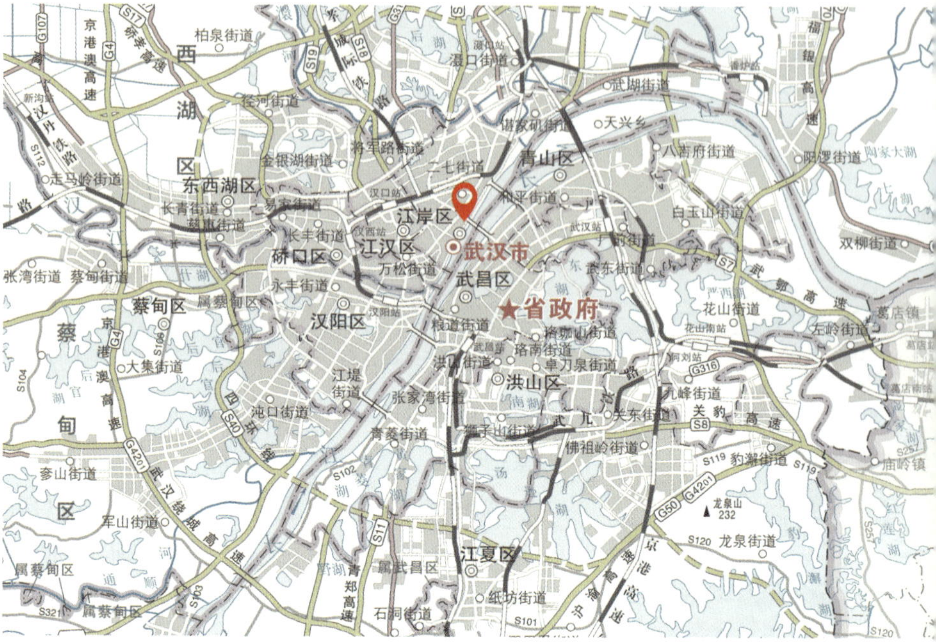

八路军武汉办事处旧址

史实：中国共产党在国民党管辖区内的公开办事机构

时间：1937 年 12 月至 1938 年 10 月

现址：湖北省武汉市江岸区长春街 57 号

文保：2013 年被列为第七批全国重点文物保护单位

1937年8月洛川会议后，中共中央为了开展统战工作，联络友军和推动全民抗战，决定在西安、太原、南京、武汉、兰州等城市成立八路军办事处。

1937年9月，中共中央代表董必武受命从延安来到武汉筹备八路军武汉办事处。10月，办事处在汉口安仁里一号成立。

1937年12月南京失陷后，武汉成为当时全国政治、军事、文化的中心，八路军南京办事处工作人员转移并入武汉办事处。12月，中共中央决定在武汉组织长江局，王明为书记，周恩来为副书记，同时组成中共中央代表团，负责与蒋介石方谈判。1937年12月—1938年10月，王明、周恩来、项英、秦邦宪、董必武、叶剑英、林伯渠等中共领导人在这里领导长江局和八路军武汉办事处的工作。

由于中共中央长江局与中共代表团的办公地点均设在八路军办事处，机构扩大，人员骤增，办公用房日益紧张，办事处遂迁至日租界128街89号原大石洋行办公。

1938年1月，新四军军部迁往南昌后，由八路军武汉办事处代办新四军驻武汉办事处的一切工作。

1938年6月至10月，武汉会战展开，武汉形势异常紧张。10月，八路军办事处奉命撤往重庆。

八路军武汉办事处旧址

八路军武汉办事处旧址原为日商大石洋行，是一幢日式建筑。原建筑于1944年日军占领期间被美国飞机炸毁，1978年在原址按原貌重建，1979年3月5日，正式对外开放。

八路军武汉办事处建筑面积2288.6平方米，占地面积823.51平方米，"U"形布局，为一座坐西朝东钢筋混凝土结构的四层楼房。建筑四面围合，形成中间一个小的院落，主入口临长春街（东向）设置。

八路军武汉办事处旧址鸟瞰

办事处内陈列的有副官室、接待室、会客室、电台室、机要科及周恩来和邓颖超办公室兼卧室、董必武办公室兼卧室、叶剑英办公室兼卧室、秦邦宪办公室兼卧室等13间展室。

2013年5月3日，中华人民共和国国务院公布八路军武汉办事处旧址为第七批全国重点文物保护单位。

八路军武汉办事处内庭院

周恩来、邓颖超的居室兼办公室

新四军云岭军部旧址

新四军云岭军部旧址

史实：新四军军部驻地

时间：1938 年 8 月 2 日至 1941 年 1 月 4 日

现址：安徽省宣城市泾县云岭镇罗里村

文保：1961 年被列为第一批全国重点文物保护单位

1937年8月25日，中国工农红军改编为国民革命军第八路军（简称“八路军”）。10月12日，江西、福建、广东、湖南、湖北、河南、浙江、安徽等南方八省14地区的红军游击队改编为国民革命军陆军新编第四军（简称“新四军”），叶挺任军长，项英任副军长。12月25日，新四军军部在湖北汉口成立。1938年1月6日，新四军军部移驻江西南昌，8月2日，进驻安徽泾县云岭镇。

新四军军部在云岭的近三年，是新四军向华中敌后发展的关键时期。在叶挺、项英领导下，新四军将士活跃在大江南北，英勇抗敌，创建了众多的抗日根

新四军军部司令部旧址平面图

据地。

1939年2月，中共中央军委副主席周恩来到皖南视察，与新四军领导人研究确定了“向南巩固，向东作战，向北发展”的战略方针。随后，新四军一部东进苏、常，直抵上海近郊，相继取得夜袭浒墅关和虹桥机场等战斗的胜利。

1940年春，中共中央、中央军委确定了开辟苏北，发展华中的战略任务，遭到国民党当局的反对和围攻。1940年10月，陈毅、粟裕率领的新四军在江苏泰兴黄桥镇歼灭了进犯的国民党部队的主力，取得了黄桥战役的胜利。

1941年1月6日，国民党当局发动皖南事变，在泾县茂林镇围攻奉命北移的新四军军部。叶挺被扣押，项英被杀害。1月17日，国民党当局宣布取消新四军番号。1月20日，中共中央军委发布命令，在江苏盐城重建新四军军部，任命陈毅为代军长，刘少奇为政治委员。1945年10月28日新四军军部北移至山东临沂。

新四军军部旧址纪念馆现存：军部司令部、军部大会堂、修械所、政治部、教导队、战地服务团，中共中央东南局、烈士墓、叶挺桥等十处，并新增了云岭碑园、叶挺铜像广场、辅助陈列、专题展览等。

新四军军部司令部旧址在云岭山下叶子河畔的罗里村，原为两座地主庄园“种墨园”和“大夫第”。叶挺、项英均住此。军部司令部参谋处、秘书处分别设于宅院中。

种墨园建于清末，系罗李村地主陈冠群的宅院，由三进47个房间和一座小花园组成，总建筑面积1638平方米，具有典型的江南民居风格。1938年8月2日，新四军军部进驻云岭，叶挺军长即迁此居住、办公，直至1941年1月4日新四军奉命北移才离开此地。

新四军云岭军部司令部旧址鸟瞰

种墨园

参谋处旧址

1961年3月4日，中华人民共和国国务院公布新四军军部旧址为第一批全国重点文物保护单位。

2001年6月12日，中共中央宣传部公布新四军军部旧址纪念馆及皖南事变烈士陵园为第二批百个爱国主义教育示范基地。

2005年，国家发展和改革委员会将宣城市泾县皖南事变烈士陵园及新四军军部旧址纪念馆列入《全国红色旅游经典景区第一批名录》。

2006年11月，国家旅游局公布新四军军部旧址为国家AAAA级旅游景区。

叶挺办公室

大夫第

中国共产党六届六中全会会址

中国共产党六届六中全会会址

史实：中国共产党第六届中央委员会

第六次全体会议扩大会议

时间：1938 年 9 月 29 日至 11 月 6 日

现址：陕西省延安市宝塔区桥儿沟路

文保：1961 年被列为第一批全国重点文物保护单位

1938年9月29日至11月6日，中国共产党召开的六届六中全会在延安桥儿沟天主教堂召开。会议期间，毛泽东代表中央作了总结报告（《战争和战略问题》和《统一战线中的独立自主问题》是总结报告中的两部分）。毛泽东提出使“马克思主义在中国具体化”科学命题，作了《关于抗日民族统一战线与党的组织问题》的报告，代表中央政治局作了《论新阶段》的政治报告；王稼祥、周恩来、王明、朱德、项英、张闻天、陈云、刘少奇等分别作了报告和发言；彭德怀、秦邦宪、贺龙、杨尚昆、关向应、邓小平、彭真、罗荣桓、林伯渠、吴玉章等围绕总结抗战以来的经验做了发言。

全会通过了《中共扩大的六中全会政治决议案》、关于召集第七次全国代表大会的决议，作出了关于党的组织机构、工作规则与纪律的决定，通过了致全国共产党、致八路军和新四军全体指战员、致东北义勇军及东北同胞电，通过了《中共扩大的六中全会告全国同胞、国共两党同志书》。

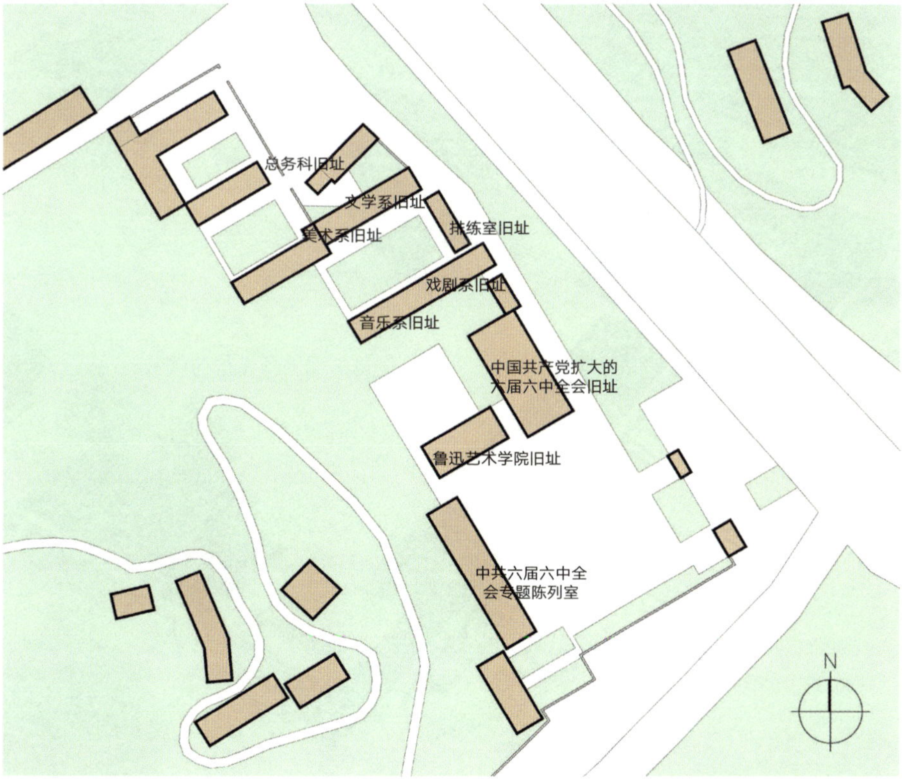

中国共产党六届六中全会会址总平面图

中国共产党六届六中全会会址鸟瞰

六届六中全会第一次提出马克思主义中国化的命题。在当时的情况下，还没有条件召开中国共产党第七次全国代表大会，扩大的六届六中全会起了重大的历史作用。这次全会正确地分析了抗日战争的形势，规定了党在抗战新阶段的任务，为实现党对抗日战争的领导进行了全面的战略规划，基本上纠正了王明的右倾错误，进一步巩固了毛泽东在全党的领导地位，统一了全党的思想和步调，推动了各项工作的迅速发展。

延安鲁迅艺术学院成立于1938年4月10日，现保存有哥特式天主教堂一座和石窑洞数十孔。中共中央六中全会就在天主教堂中召开。教堂建于1930—1934年，由西班牙传教士主持修建，曾作为中央党校和鲁迅艺术学院的礼堂。

教堂建筑主体坐北朝南，为石结构，造型宏伟、典雅，是延安唯一的石结构西式建筑。正立面有三个塔楼，呈“山”字形。内部并列两排立柱，为三通廊式。正立面下部为三个拱券式门洞，中部为三组，七个圆拱形长窗，正中窗券之上镶嵌石质长方形竖匾，阴刻隶体“天主堂”三字。

教堂前院落西侧有石窑洞九孔，现为六届六中全会的纪念馆。教堂北侧的建筑为美术系、文学系、音乐系、戏剧系旧址。整体以洞门为中轴线左右对称，窗扇的图案为菱形格纹，每个洞口三扇窗户，顶部圆弧形，和建筑的形式呼应。

中国共产党六届六中全会会址

1961年3月4日，中华人民共和国国务院公布包括桥儿沟鲁迅艺术文学院（六届六中全会旧址）在内的延安革命遗址为第一批全国重点文物保护单位。

2005年，国家发展和改革委员会将包括桥儿沟革命旧址在内的延安市延安革命纪念地系列景区（点）列入《全国红色旅游经典景区第一批名录》。

中国共产党六届六中全会会场

中国共产党六届六中全会纪念馆

八路军一二〇师司令部旧址

八路军一二〇师司令部旧址

史实：八路军一二〇师驻扎

时间：1938 年 10 月至 12 月

现址：山西省吕梁市岚县岚城镇城内村

文保：2016 年被列为山西省级重点文物保护单位

1937年8月25日，中国工农红军改编为国民革命军第八路军。红二方面军和陕北红军等部改编为八路军第一二〇师，贺龙任师长，萧克任副师长，关向应任政治委员。9月2日，一二〇师在陕西省富平县庄里镇举行誓师出征大会。9月3日，贺龙率领一二〇师，从富平县出发，经韩城县芝川镇东渡黄河，开赴山西抗日前线。

1937年9月13日，日军侵占大同，后继续向南进犯太原。10月18日至21日，一二〇师第三五八旅第七一六团在代县雁门关地区对日军汽车运输队进行的伏击战斗，配合了国民党友军的忻口防御作战。

1938年10月至12月，八路军一二〇师驻进吕梁市岚县岚城镇城内村，司令部设立在五龙庙，全面指挥八路军一二〇师阻击日军，有力地巩固了晋西北抗日根据地。

八路军一二〇师司令部正房旧址

八路军一二〇师司令部参谋室旧址

12月，贺龙、关向应率领师部挺进冀中地区，执行协同八路军第三纵队兼冀中军区巩固抗日根据地和扩大自己的任务。

解放战争时期，一二〇师和晋绥部队主要发展为第一野战军和华北军区部队一部，参与了解放西北、华北和西南的重大战役，为解放战争的胜利作出了重大的贡献。

城内村一二〇师司令部旧址现存建筑为清代建筑，基本保持原貌。旧址坐北朝南，一进院落布局，占地面积803平方米。中轴线由南至北有南房、正房，西侧有

八路军一二〇师司令部作战室

西房，东侧有院门。南房为参谋室，面宽三间，进深二椽，硬山顶式砖木结构。东房已拆，筑起围墙。西房面宽七间，进深二椽，硬山顶砖木结构。正房为作战室，面宽三间，进深四椽，五檩无廊式梁架，山顶式砖木结构。院内有排列整齐的八株古柏。

1985年，岚县人民政府公布八路军一二〇师司令部旧址为县级重点文物保护单位。2006年，吕梁市人民政府公布其为市级重点文物保护单位。

杨家岭中共中央领导人旧居

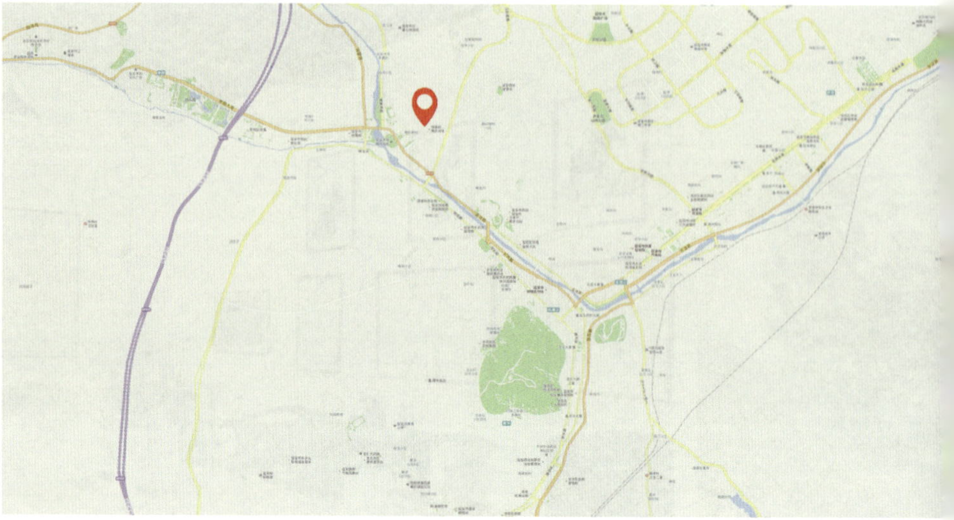

杨家岭中共中央领导人旧居

史实：中共中央机关驻地和领导人旧居

时间：1938 年 11 月 20 日至 1947 年 3 月

现址：陕西省延安市宝塔区杨家岭路

文保：1961 年被列为第一批全国重点文物保护单位

1938年11月20日，日本侵略军飞机首次轰炸延安，延安旧城被严重毁坏，中共中央及毛泽东等领导同志随即从凤凰山麓迁往延安城西北的杨家岭村。至1947年3月的8年多时间，中共中央领导人在此居住，中共中央委员会、办公厅、组织部、宣传部、统战部、职工运动委员会、青年工作委员会、妇女运动委员会等机关均设在这里。

杨家岭是毛泽东等中央领导同志在延安居住时间最长的驻地，期间发生了不少有影响的事件。中共中央和毛泽东在此领导解放区军民开展了轰轰烈烈的大生产运动，领导全党开展了整风运动。具有重大历史意义的中国共产党第七次全国代表大会、著名的延安文艺座谈会也是在这里召开的。

毛泽东自1938年11月至1943年5月在此居住，1940年秋，因修建中央大礼堂搬到枣园居住，1942年又搬回杨家岭。在此期间毛泽东写了《五四运动》《青年运动的方向》《被敌人反对是好事而不是坏事》《〈共产党人〉发刊词》《纪念白求恩》《中国革命和中国共产党》《新民主主义论》《目前抗日统一战线中的策略问题》《〈农村调查〉的序言和跋》《改造我们的学习》《整顿党的作风》《反对党八股》《经济问题与财政问题》等40余篇著作。

《东方红——杨家岭 1945 年》，毕建勋，2009 年，中国画，215 cm × 635 cm，藏于中国美术馆

杨家岭中共中央领导人旧居鸟瞰

杨家岭中共中央领导人旧居总平面图

1947年3月，胡宗南军队进犯延安，拆除了中央大礼堂和中共中央办公厅的屋架修筑碉堡，旧址内的建筑物遭到严重破坏。

1953年11月，延安专署开始维修杨家岭、枣园革命旧址。1959年10月1日，延安凤凰山、杨家岭、王家坪、枣园四处革命旧址正式对外开放。

杨家岭革命旧址整体依山势坐西北向东南，占地面积2万平方米，包括中央大礼堂、中共中央办公厅建筑以及170余孔窑洞和房屋。

毛泽东旧居坐落于中央办公厅楼旁边的山坡上，院内有三孔坐西北向东南的石窑，中间一孔是办公室，左边一孔是寝室，右边一孔是工作人员的住址。窑洞同样为双心拱，用块石发券成拱。门和窗户连接在一起，窗格的图案用的是直纹。

1961年3月4日，中华人民共和国国务院公布包括杨家岭中共中央旧址在内的延安革命遗址为第一批全国重点文物保护单位。

1997年6月11日，中共中央宣传部公布包括杨家岭在内的延安革命纪念地为首批百个爱国主义教育示范基地。

2005年，国家发展和改革委员会将包括杨家岭旧址在内的延安市延安革命纪念地系列景区（点）列入《全国红色旅游经典景区第一批名录》。

2020年1月7日，文化和旅游部将包括杨家岭革命旧址在内的延安革命纪念地景区列为国家AAAAA级旅游景区。

毛泽东旧居

周恩来旧居

朱德旧居

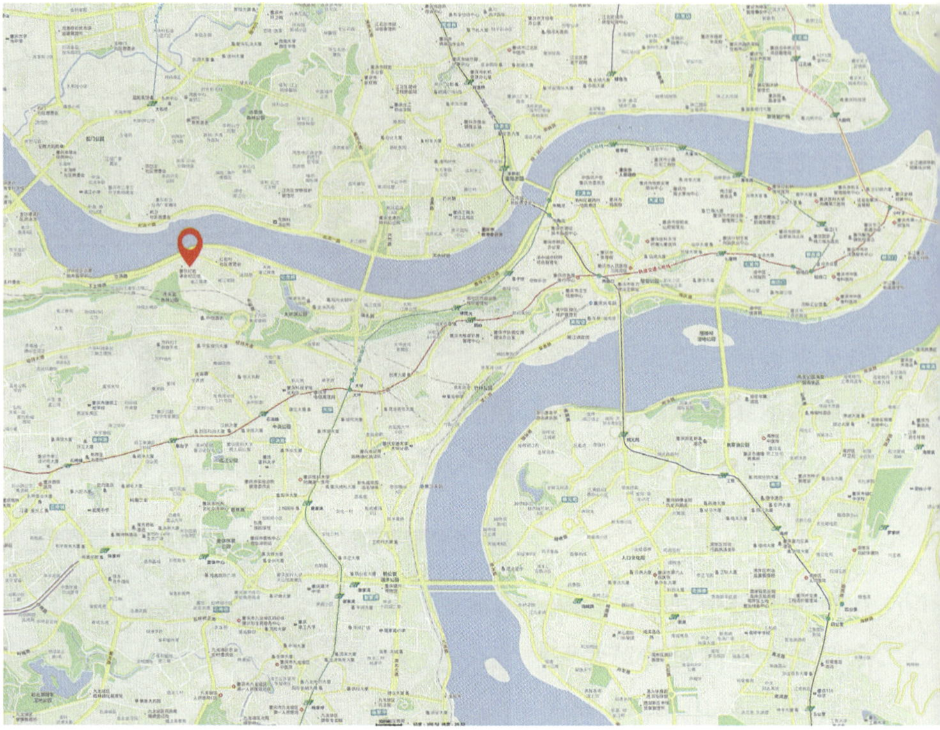

八路军驻重庆办事处旧址

八路军驻重庆办事处旧址

史实：中国共产党在国民党管辖区的公开办事处

时间：1938 年至 1946 年

现址：重庆市渝中区红岩村 13 号

文保：1961 年被列为第一批全国重点文物保护单位

1938年，武汉被日军占领后，八路军在重庆设立办事处。1939年1月，中共中央在重庆组建南方局，周恩来任书记，周恩来、秦邦宪、凯丰、吴克坚、叶剑英、董必武等为常委，全面领导中国共产党在国民党统治区的工作。

八路军驻重庆办事处最初在机房街70号，1939年5月初，因日机大轰炸被炸毁，董必武、秦邦宪等率领南方局和办事处大部分同志迁往红岩，由办事处同志自己设计并修建了办公住宿大楼——红岩村13号，这里在抗日战争时期和解放战争时期（1938—1946年）一直作为中共中央南方局和八路军驻渝办事处所在地。周恩来、董必武、叶剑英、秦邦宪、林伯渠、吴玉章、王若飞、邓颖超等中国共产党著名领导人曾长期在此生活、战斗。1945年8月28日，毛泽东在重庆谈判期间曾住在这里。红岩村也因此成了当年举世瞩目的政治活动中心。

八路军重庆办事处旧址包括红岩村13号、曾家岩50号周公馆、中山三路305号（原263号）中共代表团驻地旧址和民生路240号（原208号）《新华日报》营业部旧址四处。

《新华日报》营业部旧址

八路军驻重庆办事处旧址红岩村 13 号

保护单位
南方局
办事处旧址

红岩村 13 号毛泽东办公室

红岩村 13 号周恩来办公室

曾家岩 50 号周公馆旧址

红岩村13号办事处大楼坐北朝南，东西向，外观看似两层，实为三层的大楼，占地面积500余平方米。建筑面积1186平方米，砖木结构，共有大小房间54间。底楼为公开的八路军驻重庆办事处，皖南事变前新四军重庆办事处也在此办公；二层为秘密的南方局机关和南方局负责人以及中共代表的办公室兼卧室，重庆谈判期间，毛泽东曾在此住宿41个日夜；三楼为南方局和办事处的机要科和秘密电台所在地。

1946年5月3日，周恩来、董必武率中共代表团由重庆红岩村到南京梅园新村。

1961年3月4日，中华人民共和国国务院公布包括重庆市红岩村及曾家岩在内的八路军重庆办事处旧址为第一批全国重点文物保护单位。

2011年1月，国家发展和改革委员会将中共中央南方局暨八路军驻重庆办事处旧址列入《全国红色旅游经典景区第二批名录》。

八路军总司令部旧址

八路军总司令部旧址

史实：八路军总司令部转战山西的驻地之一

时间：1939 年 7 月 15 日至 1940 年 6 月 26 日

现址：山西省长治市武乡县韩北乡王家峪村

文保：1961 年被列为第一批全国重点文物保护单位

1937年8月25日，中国工农红军改编为国民革命军第八路军，下辖第一一五师、第一二〇师、第一二九师。9月，八路军总部在泾阳县云阳镇举行红军改编和开赴抗日前线誓师大会。不久，八路军总部机关由韩城县芝川镇东渡黄河，转战于太行山西麓的山西各地，直至抗战胜利。八路军总部转战山西，驻扎时间比较长的地方有五台南茹村、洪洞马牧村、潞城北村、武乡砖壁村、武乡王家峪村、辽县麻田村等地。

1939年7月15日，八路军总部迁到武乡县砖壁村；之后转迁至西南十千米处的王家峪村；12月21日，朱德总司令在王家峪接见了印度援华医疗队柯棣华、爱德华、巴苏华等国际友人。24日，总部在玉家

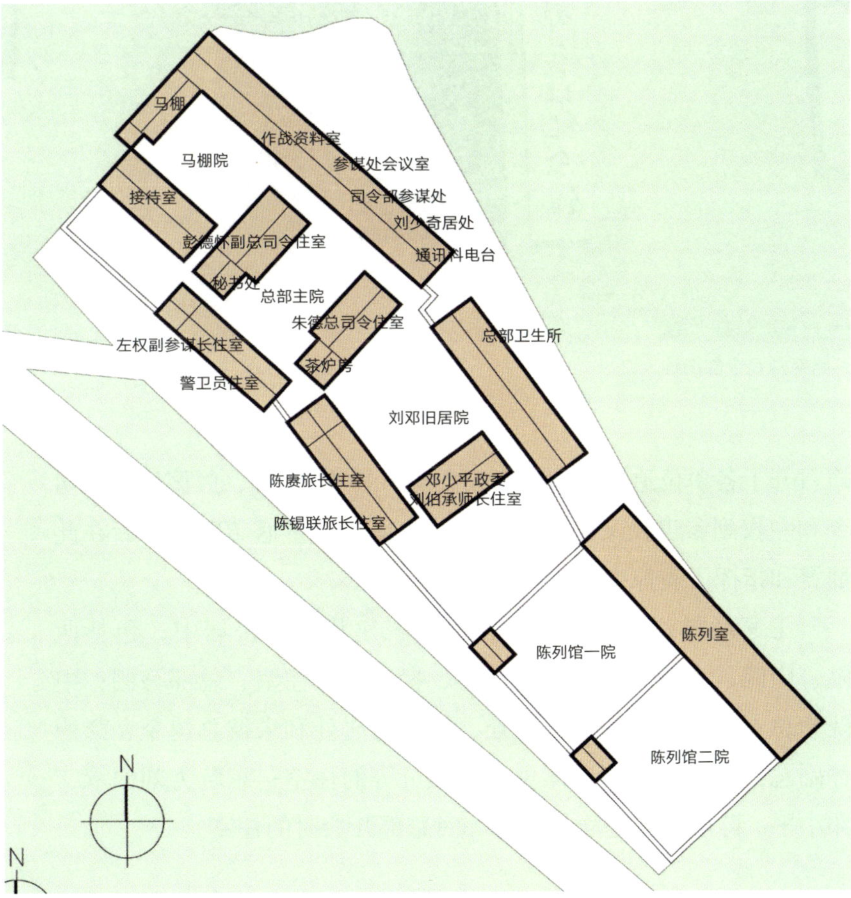

八路军总司令部旧址平面图

八路军总司令部旧址入口

峪召开了各单位追悼白求恩大夫大会；1940年6月，彭德怀副总司令和左权副参谋长又率领总部机关由王家峪重返砖壁，而后在此部署和指挥了震惊中外的百团大战。

王家峪村八路军总部设在村北三座相连的民居中，包括西院、中院、东院。西院有接待室、参谋人员住室、总部马棚；中院为总司令部参谋处、秘书处、刘少奇居处和朱德总司令、彭德怀副总司令、左权副参谋长、警卫员等的住室；东院为刘伯承、邓小平、陈赓、陈锡联、李达等回总部开会时的住室。

朱德旧居室内

刘伯承、邓小平旧居

1961年3月4日，中华人民共和国国务院公布位于山西省武乡县砖壁村和王家峪村的八路军总司令部旧址为第一批全国重点文物保护单位。

1997年6月11日，中共中央宣传部公布八路军太行纪念馆为首批百个爱国主义教育示范基地。

八路军总司令部旧址鸟瞰

2005年，国家发展和改革委员会将武乡县八路军太行纪念馆、王家峪八路军总部旧址等长治市红色旅游系列景区（点）列入《全国红色旅游经典景区第一批名录》。

2010年11月，国家旅游局公布八路军太行纪念馆为国家AAAA级旅游景区。

百团大战总指挥部旧址

百团大战总指挥部旧址

史实：八路军发动的一次规模最大、持续时间最长的抗击日军的战役

时间：1940 年 8 月 20 日至 1941 年 1 月 24 日

现址：山西省长治市武乡县蟠龙镇砖壁村

文保：1961 年被列为第一批全国重点文物保护单位

从1938年至1942年间，八路军总部曾三次进驻长治市武乡县砖壁村。

1939年7月至10月，八路军总部各机关由总司令朱德、副司令彭德怀、副参谋长左权率领，从长治市的潞城县北村迁到武乡县砖壁村。后迁至王家峪，部分留守砖壁村。1940年6月，彭德怀副司令和左权副参谋长又率领总部机关由王家峪重返砖壁村，而后在此部署和指挥了震惊中外的百团大战。1940年11月，八路军总部转移到辽县（今左权县）。1942年5月反“扫荡”后，彭德怀又率领总部机关第三次进驻砖壁村。

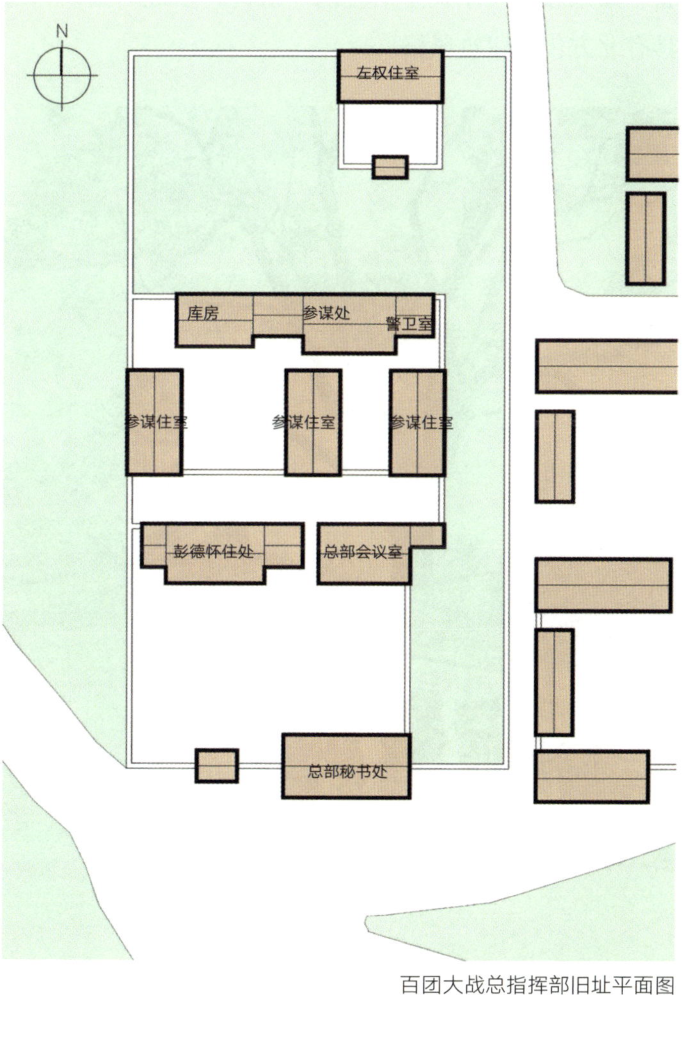

百团大战总指挥部旧址平面图

百团大战是全民族抗战以来八路军在华北发动的规模最大、持续时间最长的一次带战略性进攻的战役。八路军的晋察冀军区、一二九师、一二〇师在总部统一指挥下，发动了以破袭正太铁路（石家庄至太原）为重点的战役。从1940年8月20日开始，八路军参战兵力最终达到105个团，故称“百团大战”。在群众的配合下，重击了日军的“囚笼政策”，提高了共产党和八路军的威望，在抗日局面比较低沉时振奋了全国人民的信心。

百团大战总指挥部旧址设在村东玉皇庙内及周围的佛爷庙、奶奶庙、李家祠堂的一组建筑群中。现存旧址为砖壁村中原玉皇庙、佛爷庙、娘娘庙、李家祠堂组合的建筑群，坐北向南，占地一万平方米，具有北方传统建筑风格。

百团大战总指挥部旧址

彭德怀旧居

1979年，由国家文物局拨款，组织了省、地、县有关部门，对总部旧址新窑院和李家祠堂、佛爷庙、奶奶庙、玉皇庙等建筑都先后进行了揭顶翻修、拆除重建和复原新建，并进行室内原状陈列。

1961年3月4日，中华人民共和国国务院公布包括山西省武乡县砖壁村在内的八路军总司令部旧址为第一批全国重点文物保护单位。

1997年6月11日，中共中央宣传部公布八路军太行纪念馆和“百团大战”纪念馆（碑）为首批百个爱国主义教育示范基地。

2005年，国家发展和改革委员会将武乡县八路军太行纪念馆、“百团大战”砖壁指挥部旧址等长治市红色旅游系列景区（点）列入《全国红色旅游经典景区第一批名录》。

2010年11月，国家旅游局公布八路军太行纪念馆为国家AAAA级旅游景区。

2011年1月，国家发展和改革委员会将阳泉市狮脑山百团大战遗址列入《全国红色旅游经典景区第二批名录》。

八路军一二九师司令部旧址

八路军一二九师司令部旧址

史实：八路军一二九师司令部

时间：1940 年 12 月至 1945 年 12 月

现址：河北省邯郸市涉县河南店镇赤岸村

文保：1996 年被列为第四批全国重点文物保护单位

1937年8月25日，中国工农红军改编为国民革命军第八路军。红军第四方面军、陕北红军等部合编组成国民革命军第八路军第一二九师，刘伯承任师长、徐向前任副师长、张浩任政治委员。9月6日，一二九师在陕西省泾阳县石桥镇冒雨举行了抗日誓师大会；16日，奉命进驻陕西富平县庄里镇。30日，刘伯承率领一二九师先遣队从庄里镇出发，奔赴山西娘子关；10月6日，从韩城芝川镇东渡黄河，出师山西。19日夜，一二九师一部袭击代县西南阳明堡飞机场，击毁击伤飞机24架，大大减轻了国民党友军的正面防御压力。

1940年，师长刘伯承、政治委员邓小平率一二九师挺进太行山区，开辟了晋冀鲁豫抗日根据地。6月，一二九师师部驻扎于河北涉县常乐村，12月底，师部迁驻赤岸村。一二九师师部在赤岸村驻扎了五年时间，并以涉县为中心创建了全国面积最大、人口最多、最巩固的晋冀鲁豫抗日根据地。刘伯承、邓小平、李达等在此领导广大军民，彻底粉碎了日军对根据地的残酷"扫荡"，为取得抗日战争和解放战争的胜利作出了重大贡献。

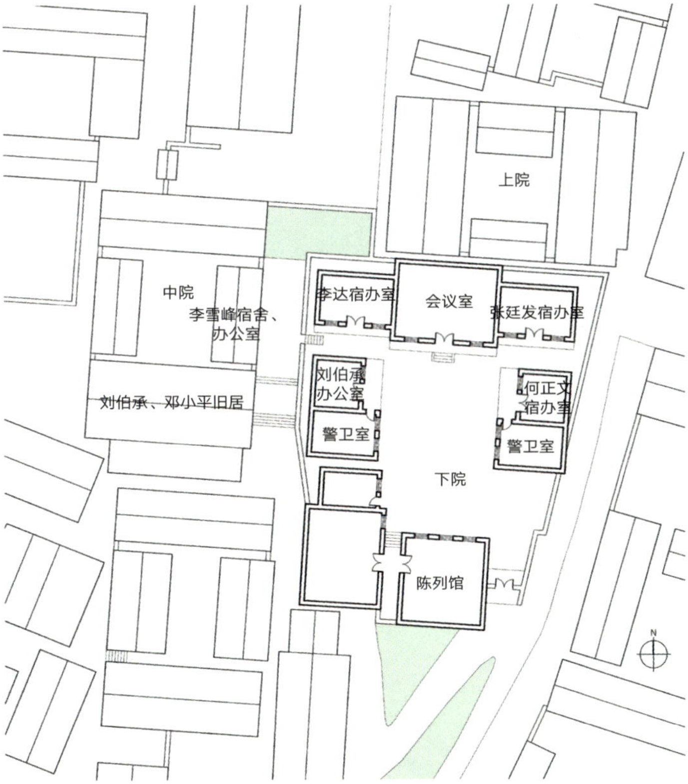

八路军一二九师司令部旧址平面图

八路军一二九师司令部旧址鸟瞰

涉县八路军一二九师司令部旧址由一二九师司令部旧址、将军岭和一二九师陈列馆三部分组成，占地面积三百亩。

司令部旧址由三座相邻的农家四合院组成，依势而建，错落有致。下院是司令部办公的地方，北屋正房为会议室，西屋为刘伯承的办公室，东屋为警卫室，南屋为办公室。

出下院门往西上五个坡就到中院，是首长住处兼办公室。南屋是刘伯承、邓小平的旧居。东屋为二层楼房，是太行区党委书记、太行军区政委李雪峰的宿舍和办公室。

上院是司令部作战室，为机关办公地，院东南角有一防空洞。该院设置有一二九师军政办公室。

八路军一二九师司令部旧址入口

八路军一二九师司令部旧址会议室

八路军一二九师司令部旧址会议室室内

刘伯承办公室

1996年11月20日，中华人民共和国国务院公布涉县八路军一二九师司令部旧址为第四批全国重点文物保护单位。

1997年6月11日，中共中央宣传部公布涉县八路军一二九师司令部旧址为首批百个爱国主义教育示范基地。

2005年，国家发展和改革委员会将包括涉县八路军一二九师司令部旧址在内的邯郸市红色旅游系列景区（点）列入《全国红色旅游经典景区第一批名录》。

八路军一一五师司令部旧址

八路军一一五师司令部旧址

史实：八路军一一五师司令部

时间：1941 年 3 月至 1945 年 9 月

现址：山东省临沂市莒南县大店镇大店村

文保：1996 年被列为第四批全国重点文物保护单位

1937年8月22日，国民政府军事委员会发布红军改编命令。25日，中国工农红军改编为国民革命军第八路军。红军第一方面军、第十五军团等合编而成八路军第一一五师，林彪任师长，聂荣臻任副师长，罗荣桓任政治委员。

1937年9月25日，八路军第一一五师主力，在山西省大同市灵丘县平型关伏击日军首战告捷，平型关大捷是全民族抗战爆发后中国军队主动对日作战取得的第一个重大胜仗，极大振奋了全国军民抗战的信心。1938年春，林彪受伤离任，陈光任代理师长。

1939年3月，一一五师司令部从晋西北进入山东郓城地区；1941年3月，由鲁中沂蒙山区转移到莒南县。直至1945年9月，一一五师师部驻守在莒南县大店镇达四年之久，领导和指挥了山东军民的抗战斗争。1942年8月1日，山东纵队改为山东军区，归一一五师指挥。1943年3月，一一五师与山东军区合并，组成新的山东军

八路军一一五师司令部与山东省政府旧址平面图

区，保留第一一五师番号，罗荣桓任司令员兼政委。1945年8月11日，一一五师奉八路军朱德总司令的命令，向拒不投降的日伪军展开全面反攻，解放了除铁路沿线以外的山东大片地区。1945年8月13日，中国共产党的第一个省政府——山东省政府在这里诞生。

八路军第一一五师司令部旧址是一一五师司令部和中共山东分局、山东省政府诞生地，其前身为当地开明绅士居业堂堂主庄余珍的庄氏庄园。

庄氏庄园始建于明末清初。现存旧址包括原大店庄氏“居业堂”和“四余堂”，总占地面积3288平方米，整体建筑风格白墙、灰瓦交相辉映，规模庞大，气势恢宏。东院“居业堂”原有房屋57间，现为罗荣桓、陈光、萧华办公起居室、作战指挥室及一一五师征战纪实陈列室；西院“四余堂”原有房屋52间，现为山东省政府成立纪念碑及陈列室。

1996年11月20日，中华人民共和国国务院公布八路

八路军一一五师司令部旧址鸟瞰

八路军一一五师司令部旧址大门

八路军一一五师司令部旧址正房

作战指挥室

罗荣桓办公起居室

军一一五师司令部旧址为第四批全国重点文物保护单位。

2005年11月21日，中共中央宣传部公布八路军一一五师司令部旧址暨山东省政府成立纪念地为第三批百个爱国主义教育示范基地。

2016年12月19日，国家发展和改革委员会将包括莒南县八路军一一五师司令部在内的临沂市红色旅游系列景区（点）列入《全国红色旅游经典景区名录》。

延安整风运动会场旧址

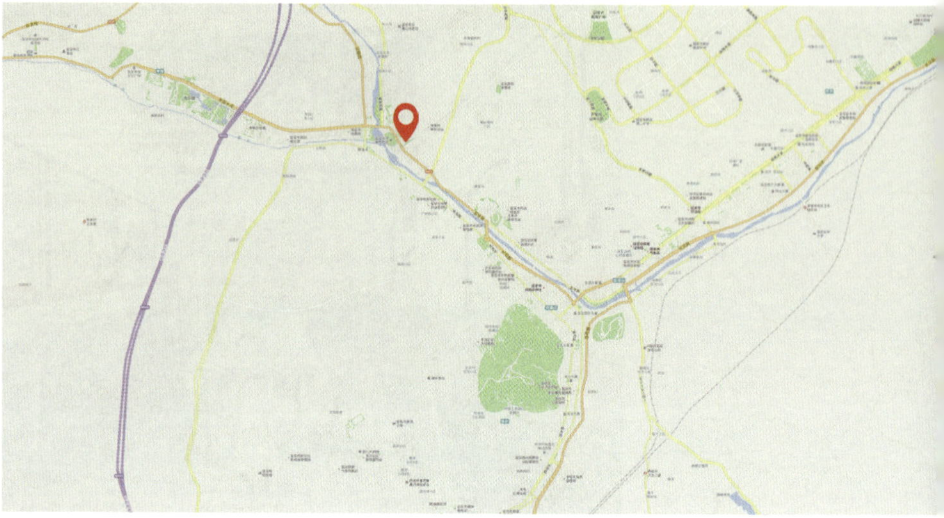

延安整风运动会场旧址

史实：中国共产党历史上第一次大规模的整风运动

时间：1942 年 10 月 19 日至 1945 年 4 月 20 日

现址：陕西省延安市宝塔区桥沟镇杨家岭村中共中央办公厅会议室

文保：1961 年被列为第一批全国重点文物保护单位

延安整风是中国共产党历史上第一次大规模的集中教育。1941年5月，毛泽东在延安高级干部会议上作《改造我们的学习》的报告；1942年2月，毛泽东在中共中央党校开学典礼上作了《整顿党的作风》的讲演；1942年2月，在延安干部会上作了《反对党八股》的讲演；1942年4月3日，中共中央宣传部发出《关于在延安讨论中央决定及毛泽东同志整顿三风报告的决定》，进一步对整风运动的目的、要求、方法和步骤做出明确规定，从此开始了以整顿三风为中心内容的全党整风；1944年5月至1945年4月，党的扩大的六届七中全会召开，原则通过《关于若干历史问题的决议》，至此延安整风运动胜利结束。

这次整风运动的任务是：反对主观主义以整顿学风，反对宗派主义以整顿党风，反对党八股以整顿文风。整风的方法，是认真阅读

《毛泽东在延安作整风报告》，罗工柳，1951 年，油画，240c m × 168 cm，藏于中国国家博物馆

整风文件，联系个人的思想、工作、历史以及自己所在地区部门的工作进行检查，开展批评与自我批评，弄清犯错误的环境、性质和原因，逐步取得思想认识上的一致，提出努力的方向。在开展批评与自我批评中，特别强调自我批评。

整风运动是一次深刻的马克思主义思想教育运动，收到巨大成效。它坚持马克思主义同中国实际相结合的正确方向，使实事求是的马克思主义思想路线在全党范围内深入人心。通过整风运动，实现了在以毛泽东同志为核心的党中央领导下全党新的团结和统一，为抗日战争的胜利和新民主主义革命在全国的胜利，奠定了重要的思想政治基础。

1942年5月2日至23日，中共中央宣传部在中央办公厅会议室的一楼召集文艺工作者举行座谈会。会议由毛泽东和凯丰主持，出席者有各界文艺工作者一百余人。座谈会分别于5月2日、16日和23日召开了三次大会。会议围绕主题进行了热烈的讨论，有几十位作家发言。

《延安文艺座谈会》，郭北平，2009年，油画，藏于中国美术馆

中共中央办公厅旧址（图片来源：中共中央文献研究室毛泽东研究组，《毛泽东画传 1893—1976》，北京，中央文献出版社，2005）

毛泽东《在延安文艺座谈会上的讲话》包括5月2日所作引言和5月23日所作结论两部分。结论部分主要阐述了五个问题，即：我们的文艺是为什么人的；如何去服务，即文艺的普及与提高；党的文艺工作与党的整个工作关系问题，党的文艺工作和非党的文艺工作关系问题；文艺批评问题；文艺界的整风问题。该讲话对文艺界的整风运动起了积极的推动作用。

从1944年5月21日到1945年4月20日，党的扩大的六届七中全会在中共中央政治局会议室召开，原则通过了《关于若干历史问题的决议》，至此整风运动胜利结束。

中共中央办公厅是一座有特色的小石楼，从高处看，中央办公厅很像一架飞机，因此人们常称其为“飞机楼”。其建筑平面完全对称，建筑三层，层数越高建筑越短。建筑外观朴实简洁，主要是用青砖铺砌，窗户有的上部做成拱形，有西方建筑的特点。第一层西边的大房子是会议室，也是中央首长的饭厅，1942年中共中央宣传部在这里召开了延安文艺座谈会。第二层是办公室，一间大房子是厅务会议室。第三层是中央政治局会议室，1944年在这里召开了党的扩大的六届七中全会。

中共中央办公厅

中共中央办公厅一层会议室

1961年3月4日，中华人民共和国国务院将包括杨家岭中共中央旧址在内的延安革命旧址列为第一批全国重点文物保护单位。

1997年7月，中共中央宣传部将包括杨家岭在内的延安革命纪念地列为首批爱国主义教育示范基地。

2005年，中共中央办公厅、国务院办公厅将包括杨家岭旧址在内的延安市延安革命纪念地系列景区（点）列入《全国红色旅游经典景区第一批名录》。

2020年1月7日，文化和旅游部将包括杨家岭革命旧址在内的延安革命纪念地景区列为国家AAAAA级旅游景区。

中共中央书记处枣园旧址

中共中央书记处枣园旧址

史实：中共中央书记处驻地和领导人旧居

时间：1943年10月至1947年3月

现址：陕西省延安市宝塔区枣园村枣园大道

文保：1961年被列为第一批全国重点文物保护单位

枣园位于延安市城西北八千米处，这里原是一家地主的庄园。中共中央进驻延安后，成为中央社会部驻地，遂改名为“延园”。1944年至1947年3月，中共中央书记处由杨家岭迁驻此地，社会部搬往后沟。

中共中央书记处在此办公期间，继续领导全党开展整风运动和解放区军民大生产运动；筹备召开了党的第七次全国代表大会；领导全国军民取得了抗日战争的最后胜利；作出了赴重庆谈判的重要战略决策；领导全国人民为争取民主团结、和平建国，同国民党顽固派进行了针锋相对的斗争，为粉碎国民党反动派的全面内战作了充分准备。

《幸福渠》，刘文西，1974 年，中国画，227.5 cm × 208 cm，收藏家刘益谦、王薇夫妇藏

毛泽东在枣园居住期间，写下了《关于领导方法的若干问题》《组织起来》《学习和时局》《论联合政府》《抗日战争胜利后的时局和我们的方针》《关于重庆谈判》等许多指导中国革命的重要文章，仅收入《毛泽东选集》的就有28篇。

1944年9月8日，毛泽东在枣园后沟的西山脚下出席了张思德烈士追悼大会，并发表了《为人民服务》演讲。同年11月，毛泽东在这里会见了美国总统罗斯福的私人代表、后任美驻华大使的赫尔利，并进行了三天的会谈，双方共同签署了《中国国民政府、中国国民党与中国共产党协定（草案）》。1945年8月，毛泽东、周恩来从这里赴重庆谈判，由刘少奇代理中共中央主席职务，主持中央工作。10月毛泽东飞回延安。1946年1月，毛泽东由枣园迁到王家坪。

中共中央书记处枣园旧址平面图

中共中央书记处礼堂

中共中央书记处礼堂室内

1947年中共中央撤离延安后，国民党军队对延安进行了毁灭性破坏，枣园也遭到严重损坏。1953年后，人民政府开始陆续依照原貌修复，1959年正式对外开放。

枣园院内树木葱郁，绿草如茵，“幸福渠”横穿园林而过。园林中央坐落着中央书记处礼堂，依山分布着五座独立的院落，分别是毛泽东、朱德、周恩来、刘少奇、任弼时、张闻天、彭德怀等中央领导的旧居。后沟西山下是毛泽东发表《为人民服务》的讲话台和中央社会部旧址。

中共中央书记处礼堂建筑平面呈“凸”字形，有主体部分，和入口部分组成类似于传统建筑的“抱厦”，整体风格中西结合，庄严厚重。

毛泽东住所在枣园东北的半山坡上，是一座幽静的独院，院内有一排面向西南的石窑洞。右起第一孔窑洞是会客室，第二孔是办公室，第三孔是寝室，其余两孔是工作人员的住室。

各领导人旧居均为传统的砖砌窑，在平屋顶上埋黄土并种少许植被，形成这种不必靠山挖掘，但又冬暖夏凉的建筑形式。

1961年3月4日，中华人民共和国国务院公布包括枣园中共中央书记处旧址在内的延安革命旧址为第一批全国重点文物保护单位。

1997年6月11日，中共中央宣传部公布包括枣园在内的延安革命纪念地为首批百个爱国主义教育示范基地。

中共中央行政办公室旧址

毛泽东旧居

毛泽东旧居寝室

2005年，国家发展和改革委员会将包括枣园旧址在内的延安市延安革命纪念地系列景区（点）列入《全国红色旅游经典景区第一批名录》。

2020年1月7日，文化和旅游部将包括枣园革命旧址在内的延安革命纪念地景区列为国家AAAAA级旅游景区。

中国共产党第七次全国代表大会会址

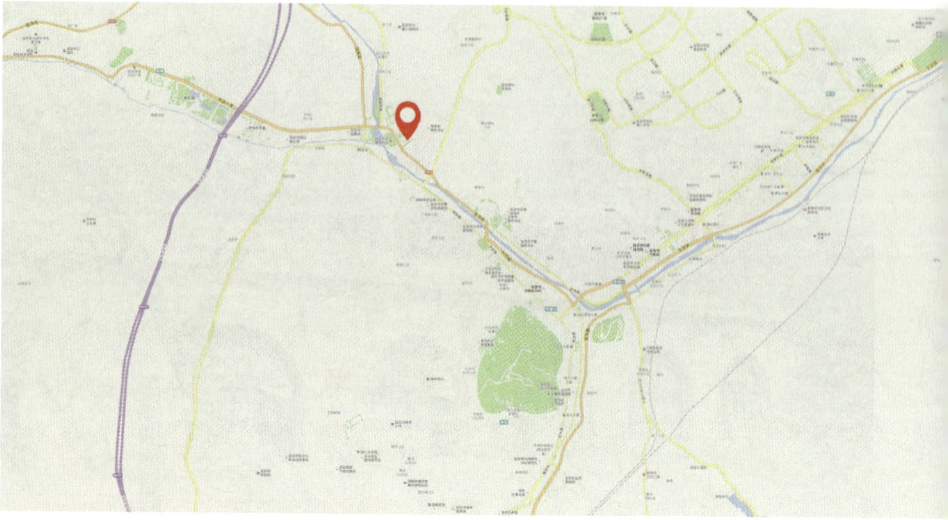

中国共产党第七次全国代表大会会址

史实：中国共产党第七次全国代表大会

时间：1945 年 4 月 23 日至 6 月 11 日

现址：陕西省延安市宝塔区杨家岭路杨家岭中央大礼堂

文保：1961 年被列为第一批全国重点文物保护单位

1945年4月23日至6月11日，中国共产党第七次全国代表大会（简称“中共七大”）在延安杨家岭中央大礼堂举行。出席会议的代表有547人，候补代表208人，代表着全党121万名党员。任弼时主持开幕式。毛泽东致题为《两个中国之命运》的开幕词，代表中共中央向大会提交《论联合政府》政治报告并作口头报告，大会结束时致题为《愚公移山》的闭幕词；朱德作《论解放区战场》军事报告；刘少奇作《关于修改党章的报告》；周恩来作《论统一战线》发言。

1945年6月19日，党的七届一中全会召开第一次会议，选举毛泽东、朱德、刘少奇、周恩来、任弼时为中央书记处书记，毛泽东为中央委员会主席、中央政治局主席、中央书记处主席。

中央大礼堂

中央大礼堂鸟瞰

党的七大是党在新民主主义革命时期召开的一次极其重要的全国代表大会。它总结中国新民主主义革命20多年曲折发展的历史经验，制定正确的路线、纲领和策略，克服党内的错误思想，使全党特别是党的高级干部对于中国民主革命的发展规律有了比较明确的认识，从而使全党在马克思列宁主义、毛泽东思想的基础上达到空前的团结。七大以“团结的大会，胜利的大会”载入党的史册。

中央大礼堂是专门为中共七大修建的，设计者为杨作材、张协和，1939年开始修建，1942年竣工落成。中央大礼堂在1947年3月被国民党胡宗南部队所破坏，后照原样修复。

中央大礼堂室内

整个建筑长35米，宽30米，为砖、石结构，采用当地石料。屋顶采用大石拱结构，跨度接近15米。拱与拱之间用木料连接，铺上木板盖顶。建筑风格为中西合璧，欧式风格和陕北窑洞式相结合。

大会主席台中央是毛泽东、朱德的巨幅侧面头像，两边各插三面党旗。主席台前沿的石拱上悬挂着“在毛泽东的旗帜下胜利前进”大幅标语，这是“七大”政治口号。两侧挂有六个“V”字形的旗座，即英文“胜利”的第一个字母，礼堂后墙上是毛泽东题写的“同心同德”四个大字。

中央大礼堂室内后墙

1961年3月4日，中华人民共和国国务院将包括杨家岭中共中央旧址在内的延安革命遗址列为第一批全国重点文物保护单位。

1997年7月，中共中央宣传部将包括杨家岭在内的延安革命纪念地列为首批爱国主义教育示范基地。

2005年，中共中央办公厅、国务院办公厅将包括杨家岭旧址在内的延安市延安革命纪念地系列景区（点）列入《全国红色旅游经典景区第一批名录》。

2020年1月7日，文化和旅游部将包括杨家岭革命旧址在内的延安革命纪念地景区列为国家AAAAA级旅游景区。

重庆谈判旧址

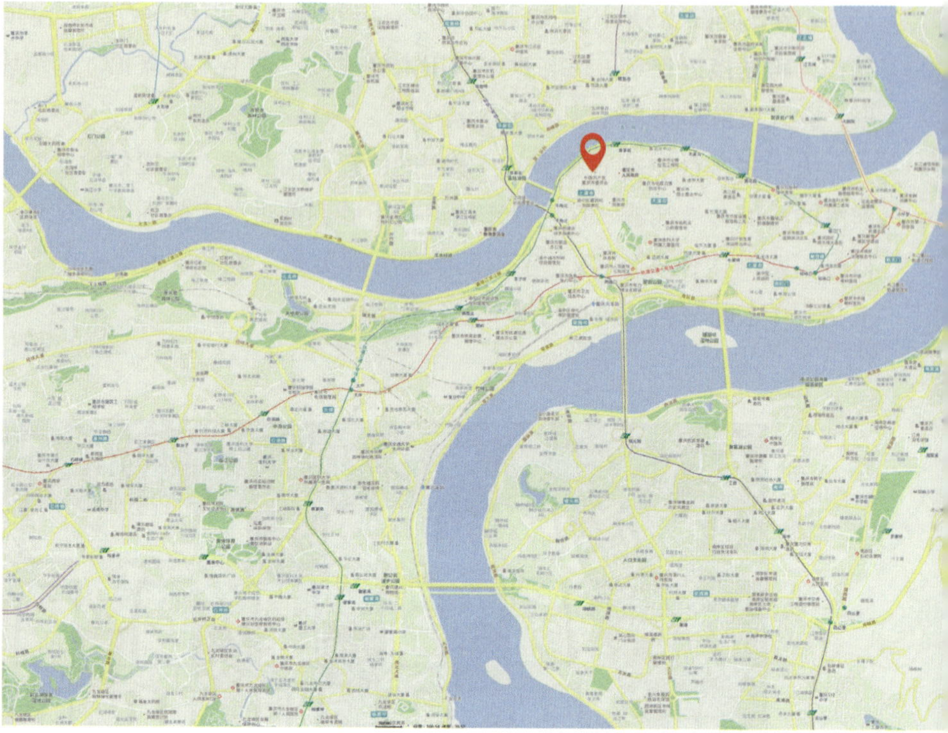

重庆谈判旧址

史实： 中国共产党同国民党政府进行的和平谈判

时间： 1945 年 8 月 28 日至 10 月 10 日

现址： 重庆市渝中区中山四路 65 号

文保： 2001 年被列为全国重点文物保护单位

1945年8月15日，日本宣布无条件投降，抗战胜利。全国各界人士强烈反对内战，呼吁民主协商成立联合政府。1945年8月下旬，蒋介石公开向毛泽东连发三封电报，邀请毛泽东赴重庆，“共定大计”。

8月28日，毛泽东一行从延安飞抵重庆。29日，国共双方会谈正式开始。

毛泽东居住在红岩八路军办事处二楼。张治中的官邸桂园，今位于上清寺中山四路65号（原101号），作为毛泽东在市内办公会客的地方。

桂园入口

桂园

桂园是一个独立的小院，大门临街，占地700平方米，因院内有两株桂花树而得名。主楼为一栋砖木混合结构的二层小楼，坐东向西，折中主义建筑风格，占地面积273平方米。建筑西立面设有檐廊，采用歇山顶，小青瓦覆顶，设有老虎窗1个。

重庆谈判期间，桂园会客室是国共谈判和中共代表会客场所之一，毛泽东曾在此会晤蒋介石。经过43天的谈判斗争，国共双方于10月10日在桂园会客室内正式签署《政府与中共代表会谈纪要》即“双十协定”。

10月11日，毛泽东从重庆飞返延安。

会客室

1958年5月1日，红岩革命纪念馆在红岩村原八路军重庆办事处旧址建成开放，1959年董必武题写“红岩革命纪念馆”馆名，主要包括中共中央南方局暨八路军重庆办事处旧址、曾家岩50号周公馆、《双十协定》签字处——桂园、中共代表团驻地旧址、《新华日报》总馆等文物遗址。

1997年6月11日，中共中央宣传部公布重庆红岩革命纪念馆为首批百个爱国主义教育示范基地。

2001年6月25日，中华人民共和国国务院将桂园列为第五批全国重点文物保护单位。

中国共产党代表团南京办事处旧址

中国共产党代表团南京办事处旧址

史实：中国共产党在国民党管辖区设立的公开办事机构

时间：1946 年 5 月 3 日至 1947 年 3 月 7 日

现址：江苏省南京市玄武区长江路梅园新村 30 号

文保：1996 年被列为第四批全国重点文物保护单位

1945年10月10日，国共两党经过重庆谈判，签订了“双十协定”。1946年5月初，国民党政府正式还都南京。

1946年5月，周恩来、董必武率中共代表团由重庆到南京。

1946年6月26日，国民党军队对中原解放区发动进攻，全面内战爆发。1946年11月中旬，国民党不顾中国共产党和全国人民的反对，悍然召开了“国民大会”，和平谈判实际上已濒于完全破裂。1947年3月，董必武率代表团最后一批工作人员撤返延安后，南京办事处的三处房产委托中国民主同盟妥善保管。

中共代表团梅园新村纪念馆由中共代表团办事处旧址、国共南京谈判史料陈列馆、周恩来铜像、周恩来图书馆等组成，包括17号、30号、35号三个院落。

17号院分南北两楼。北楼是原有的，内设有外事组、军事组、新闻组、党派组、妇女组、电讯室、十八集团军驻京办事处等办事机构。由于楼小不敷使用，中共代表团来后，在院内南边的狭小空地上

梅园新村 17 号入口

中国共产党代表团南京办事处旧址平面图

加盖了南楼。楼上是工作人员的宿舍，代表团大部分工作人员都居住在这里；楼下是饭厅，代表团常在这里举行大型的记者招待会。

梅园新村30号是中共代表团的中心，占地面积431.75平方米，建筑面积361.1平方米。主楼楼下西侧是代表团会客室，东边是周恩来和邓颖超的办公室与卧室；阁楼上是代表团机要科。为了防止特务的监视和破坏，将四周的围墙加高了一倍，并在前面的传达室和后院的晒台上面各加盖了一层小楼。

梅园新村35号是董必武、李维汉、廖承志、钱瑛等同志办公和居住的地方，有砖木二层楼房1幢，砖木平房2座，共11间，占地面积155.25平方米。建筑面积192.1平方米。楼房楼下是董必武、廖承志办公和居住的地方，楼上是李维汉、钱瑛办公和居住的地方。

梅园新村 17 号大会议室

梅园新村 30 号楼

梅园新村 30 号楼会客室

梅园新村 35 号

1996年11月20日，中华人民共和国国务院公布中国共产党代表团办事处旧址（梅园新村）为第四批全国重点文物保护单位。

2001年6月12日，中共中央宣传部公布梅园新村纪念馆为第二批百个爱国主义教育示范基地。

2005年，国家发展和改革委员会将包括梅园新村纪念馆在内的南京市红色旅游系列景区（点）列入《全国红色旅游经典景区第一批名录》。

2008年10月，国家旅游局公布中共代表团梅园新村纪念馆为国家AAAA级景区。

刘邓大军千里跃进大别山前方指挥部旧址

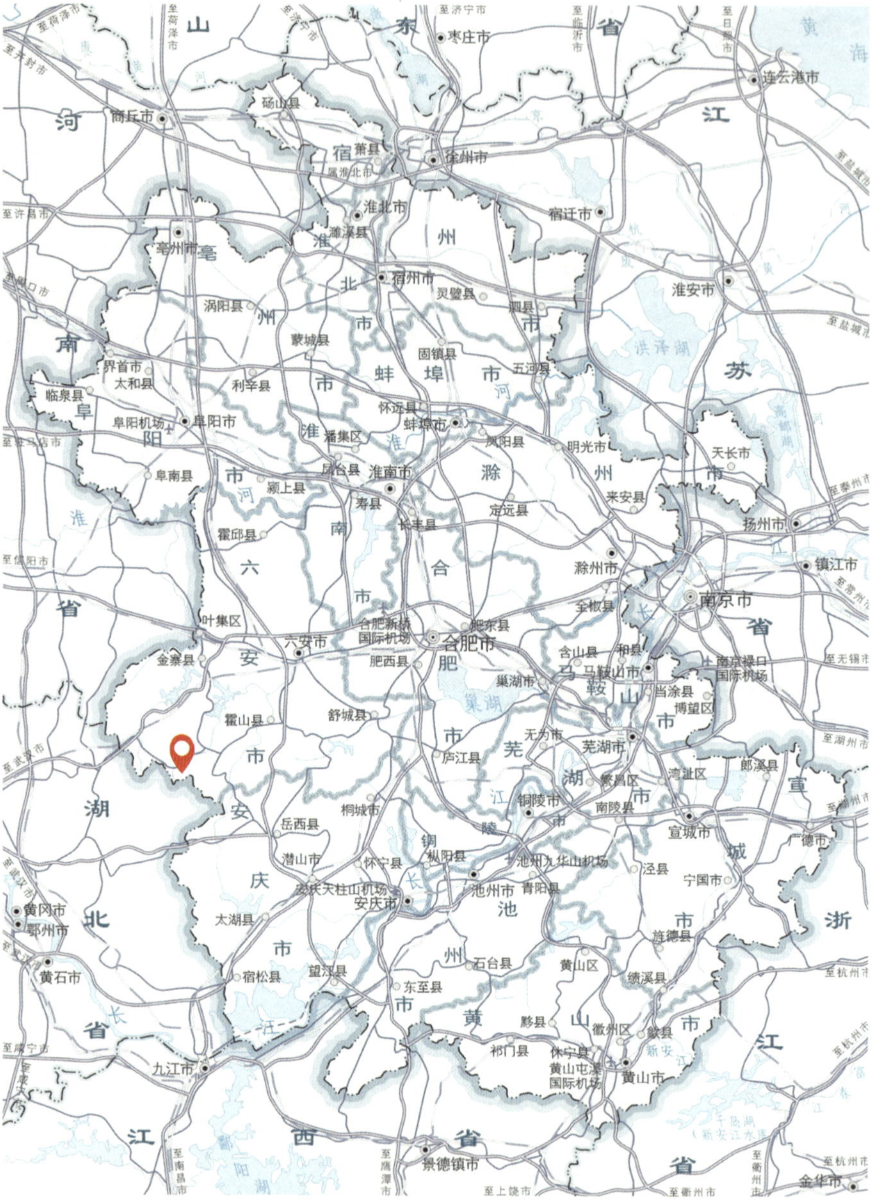

刘邓大军千里跃进大别山前方指挥部旧址

史实：解放战争中刘邓大军千里跃进大别山

时间：1947 年 12 月 30 日

现址：安徽省六安市金寨县天堂寨镇

1946年6月26日，国民党军队对中原解放区发动疯狂进攻，全面内战爆发。1947年3月，国民党军由全面进攻转为集中兵力重点进攻陕北、山东两解放区。

在陕北，国民党军胡宗南等部25万人自延安发动突然袭击。中央机关主动于3月18日撤离，开始了转战陕北的艰苦斗争。

7月，毛泽东致晋冀鲁豫野战军司令员刘伯承、政治委员邓小平加急绝密电报，“现陕北情况甚为困难（已面告陈赓），如陈谢及刘邓不能在两个月内以自己有效行动调动胡军一部，……致陕北不能支持”。8月，刘邓大军开始千里跃进大别山的壮举。之后，刘邓大军渡过淮河，进入大别山区，像一把尖刀插在国民党统治的中心区域，迫使国民党军从其他战场调集重兵前来围攻。消息传到陕北，毛泽

《激流——刘邓大军挺进大别山》，鲍加，1981 年，180 cm × 132 cm，藏于安徽省六安市金寨县革命博物馆

刘邓大军前方指挥部鸟瞰

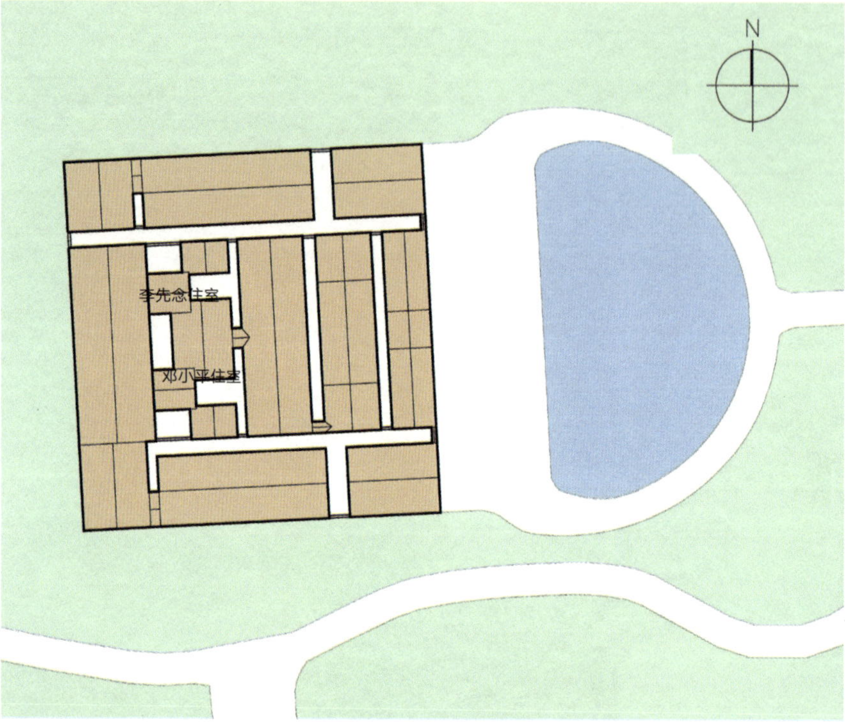

刘邓大军前方指挥部平面图

东欣喜地说："20多年来，革命一直处于防御地位，自刘邓南征后，我们的革命战争才在历史上第一次转为战略进攻！"与此同时，8月下旬，陈（赓）谢（富治）率领晋冀鲁豫野战军挺进豫西。9月，陈（毅）粟（裕）挺进豫皖苏平原。11月底，三路大军呈"品"字形阵势，这时仍在内线作战的人民解放军，也加紧发起攻击，并渐次转入战略进攻和战略反攻。

12月，刘邓大军到达天堂寨下楼房村，指挥部设在周姓村民修建于乾隆三十年（1765年）的五进祖宅里。

刘邓大军千里跃进大别山前方指挥部旧址占地面积24256平方米，包括指挥部和纪念雕塑像广场两部分。主体建筑按照原址的布局进行设计和建设，本着"修旧如旧"的原则，再现了"青砖、小瓦、马头墙"的徽派建筑风格，整体一层局部两层，砖木结构，五进三纵，连为一体。

2012年9月6日，国家旅游局公布刘邓大军千里跃进大别山前方指挥部旧址所在的天堂寨风景名胜区为国家AAAAA级旅游景区。

刘邓大军前方指挥部

刘邓大军前方指挥部室内

中共中央转战陕北杨家沟旧址

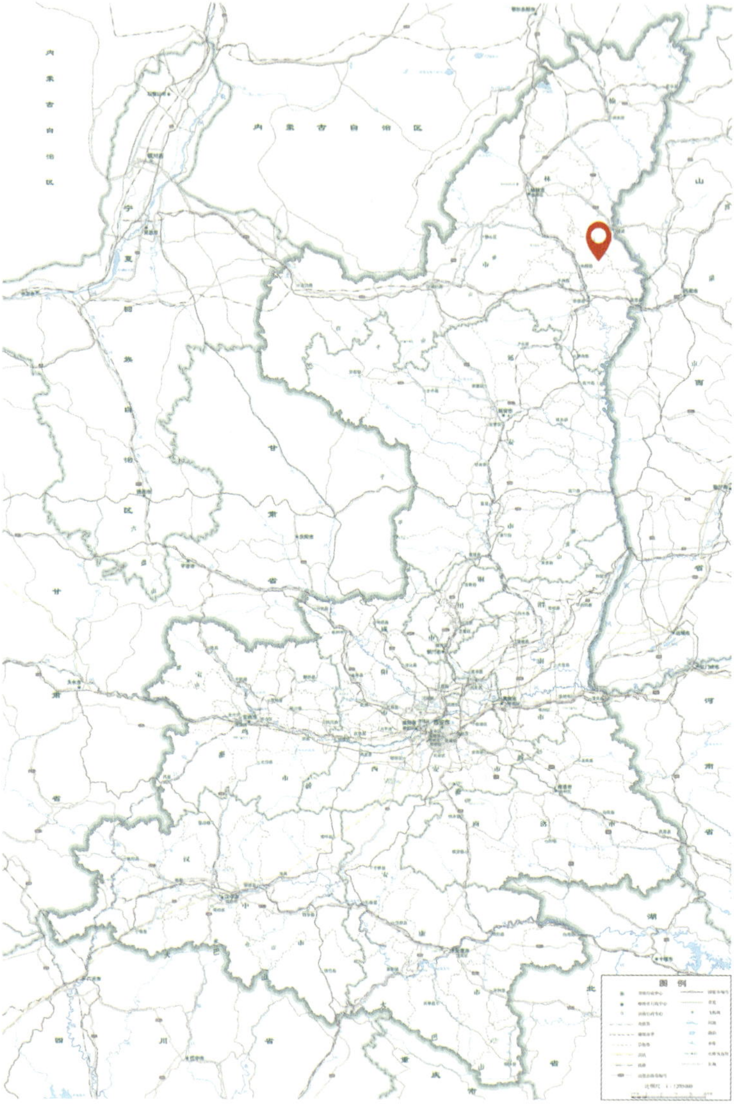

中共中央转战陕北杨家沟旧址

史实：中共中央驻地和领导人旧居

时间：1947 年 3 月 18 日至 1948 年 3 月 23 日

现址：陕西省榆林市米脂县杨家沟镇杨家沟村等地

文保：2001 年被列为第五批全国重点文物保护单位

1946年6月26日，国民党军队在完成内战准备后，以22万人悍然进攻鄂豫边境的中原解放区。其后，国民党军向其他解放区展开大规模进攻。全面内战由此爆发。

1947年3月11日，国民党军飞机开始大规模轰炸延安。12日凌晨，朱德、刘少奇、任弼时率中央机关部分人员撤离延安。18日傍晚，毛泽东、周恩来告别了居住十年的延安，踏上了转战陕北的征程。毛泽东率领中共中央机关转战在陕北高原，历时一年零五天，行程约1000千米，途经12个县，驻留过38个村庄，驻留时间最短的仅几个小时，最长的达四个月。

3月25日，毛泽东、周恩来、朱德、刘少奇、任弼时等在子长县王家坪村会合。29日，中共中央在陕北清涧县枣林则沟召开会议，决定由毛泽东、周恩来、任弼时组成中央前方工作委员会，留在陕北，主持中共中央和人民解放军总部的工

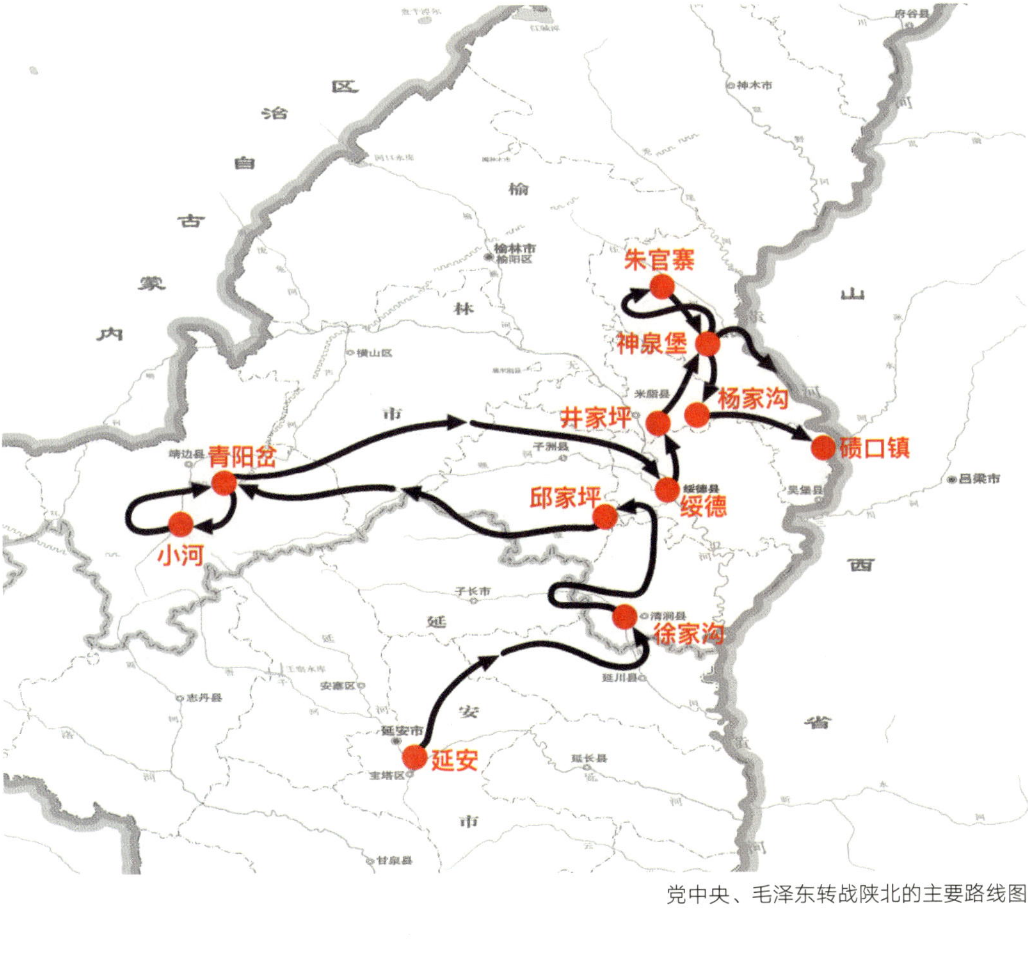

党中央、毛泽东转战陕北的主要路线图

《转战陕北》，石鲁，1959 年，中国画，藏于中国国家博物馆

《毛泽东在十二月会议上》，靳尚谊，1976 年，油画，藏于中国人民革命军事博物馆

作。刘少奇、朱德、董必武等组成中央工作委员会，前往河北平山县，担负中央委托的工作。会议还成立了以叶剑英为书记、杨尚昆为副书记的后方工作委员会，转移到晋绥解放区，负责中央机关的后方保障工作。

1947年11月22日，毛泽东、周恩来率领中共中央机关和人民解放军总部来到米脂县杨家沟村扶风寨。12月25日至28日，毛泽东、周恩来、任弼时在这里共同主持召开了扩大会议（十二月会议）。会上，毛泽东提交《目前形势和我们的任务》的书面报告，这个报告是整个打倒蒋介石反动统治集团，建立新民主主义中国的时期内，党在政治、军事、经济各方面带纲领性的文件。

杨家沟是毛泽东、周恩来率领中央机关转战陕北的最后一站，也是毛泽东转战陕北时居住时间最长之地。

杨家沟村扶风寨原为杨家沟“马氏庄园”，分为新院、旧院两个大院。旧院成为中央参谋处、机要处旧址，并且召开了“十二月会议”。新院则是毛泽东和周恩来的旧居。

中共中央十二月会议会址

中共中央十二月会议会场

毛泽东、周恩来旧居

新院最鲜明的特色就是西式、日式与中式三种建筑艺术的融合，是东方与西方建筑艺术、传统与现代文化元素相融合的典范，是中华民族窑洞建筑之瑰宝，具有重要的历史、艺术和科学价值。

2001年6月25日，中华人民共和国国务院公布杨家沟革命旧址为第五批全国重点文物保护单位。

2009年5月22日，中共中央宣传部公布榆林杨家沟革命纪念馆为第四批百个爱国主义教育示范基地。

2011年1月，国家发展和改革委员会将米脂县杨家沟革命旧址列入《全国红色旅游经典景区第二批名录》。

中共中央西柏坡旧址

中共中央西柏坡旧址

史实：中共中央驻地、九月会议、七届二中全会、领导人旧居

时间：1947 年 5 月至 1949 年 3 月 23 日

现址：河北省石家庄市平山县西柏坡镇西柏坡村

文保：1982 年被列为第二批全国重点文物保护单位

1947年5月初，刘少奇、朱德率中央工作委员会进驻河北省平山县的西柏坡村。7月12日，中央工委在西柏坡正式成立，当时对外称“工人劳动大学”，刘少奇任校长，朱德为董事。

7月17日至9月13日，中共中央工作委员会召开全国土地会议，通过了《中国土地法大纲》，规定废除封建性及半封建性剥削的土地制度，实行耕者有其田的土地制度。

1948年3月23日，毛泽东、周恩来、任弼时率中央前方工作委员会从吴堡县川口渡口东渡黄河，进入山西临县，到达晋绥解放区，与中央后方工作委员会会合。4月23日，周恩来、任弼时等同志先期到达了西柏坡，与中央工委会合。5月26日，毛泽东到达西柏坡，中共中央五大书记在历时一年多的分别之后于西柏坡胜利会面。从此，西柏坡便成了当时中国革命的领导中心，也是中国革命战争的最后一个农村指挥所。

1948年9月8日至13日，中共中央政治局扩大会议在西柏坡村召开。这次会议提出建设500万解放军，用五年左右时间（从1946年7月算起）从根本上打倒国民党反动统治的战略任务。

1948年9月12日至1949年1月31日，党中央和毛泽东主席在这里指挥中国人民解放军同国民党军队进行了辽沈战役、淮海战役、平津战役三大战役，决定了中国的命运。

土改大会会场（图片来源：中共河北省委宣传部，西柏坡纪念馆，《西柏坡》，石家庄，河北美术出版社，2004）

1949年3月5日至13日，在西柏坡中央机关食堂召开了具有历史转折意义的七届二中全会，在革命的转折关头，描绘了新中国宏伟的蓝图，为党夺取全国胜利和建设新中国，作了政治上和思想上的准备。

1949年3月25日，中共中央及其所属机构由西柏坡迁至北平。

为了保护革命遗址和文物，1955年，河北省博物馆联合当地政府建立了西柏坡

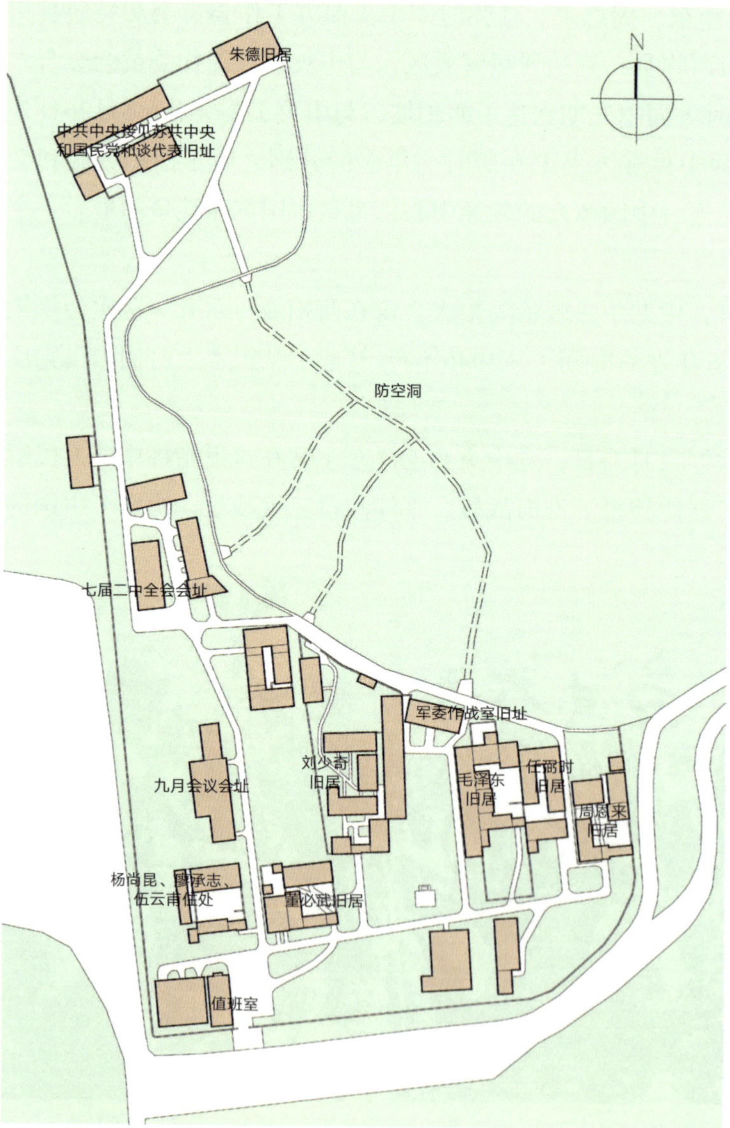

中共中央西柏坡旧址总图

纪念馆筹备处。1958年因修建岗南水库，将中共中央旧址搬迁。1970年12月开始，在距原址北移500米，海拔升高57米的地方进行易地复原建设。1977年，新建西柏坡纪念馆。1978年5月26日，纪念中共中央和解放军总部移驻西柏坡30周年时，中共中央旧址和纪念馆同时对外开放。

中共中央旧址陆续复原了17处，房屋196间，建筑面积2760平方米，占地16440

中共中央西柏坡旧址鸟瞰

平方米。在复原过程中，遵循了高度一致、修旧如旧、精益求精的原则，基本保持了原貌，屋内陈设按照原状进行了布置。

中共中央旧址大院，大门南向，分前后两部分。前院自东而西，是周恩来、任弼时、毛泽东、刘少奇、董必武的旧居，还有军委作战室旧址、九月会议会址、中国共产党七届二中全会会址等。在后院东北角，三间窑洞式建筑是朱德的办公室、休息室和会客室的旧址，以及中共中央接见苏共中央代表和国民党和谈代表团旧址。

七届二中全会会址位于中共中央旧址大院的西北角，原是中央工委进驻西柏坡

中国共产党七届二中全会会址

中国共产党七届二中全会会场

九月会议会址

九月会议会场

时自己动手盖的中共中央机关大伙房，建筑面积112平方米，召开七届二中全会时临时布置成会场，现在仍保持当年的原貌和布局，屋顶还保留了原来的天窗。

七届二中全会会场简朴，北面墙上是绛紫色幕布，上面挂着两面党旗。党旗上方是毛泽东主席和朱德总司令的两幅挂像。东西两侧墙壁上各悬挂四面党旗。南墙上挂的是一张全国敌我形势图。

中央军委作战室在毛泽东旧居的西北侧，是当年中共中央机关工作人员自己动手建的四间北房，建筑面积64.9平方米。当年，党中央、中央军委和毛泽东等中央领导人的许多重要电文、指示、命令就是从这里发往全国和解放军各部队的。

毛泽东旧居分前后两个小院，占地面积546平方米，建筑面积123平方米。前院设有警卫室、水房，甬路西边有一棵楸树和一个石磨，是毛主席夏天经常办公和纳

中央军委作战室旧址

中央军委作战室室内

毛泽东旧居前院

凉的地方，也是其他中央领导商讨军事大事的地方。许多发往前方的电报都是在这里起草的，故有“磨盘上布下雄兵百万”之说。后院北房东、西两间分别是毛泽东的办公室和寝室，西半间是通往防空洞的过道。

西柏坡的民居具有典型的清末民初冀中民居的特点。平面大都呈四合院形式，外墙底部为石材垒砌，上部用泥土、草胶制成土坯砖砌筑。屋顶较为平缓，中间起拱坡向前后檐，以利排水。窗格多用方格纹和鱼鳞纹，以木格栅和纸为材料。

《进京赶考》，王吉松，油画，藏于西柏坡纪念馆

1982年2月23日，中华人民共和国国务院将中共中央西柏坡旧址列为第二批全国重点文物保护单位。

1997年7月，中共中央宣传部将中共中央西柏坡旧址公布为首批全国百个爱国主义教育示范基地。

2005年，国家发展和改革委员会将石家庄市平山县西柏坡红色旅游系列景区（点）列入《全国红色旅游经典景区第一批名录》。

2011年8月29日，国家旅游局批准包括中共中央旧址在内的石家庄平山县西柏坡景区为国家AAAAA级旅游景区。

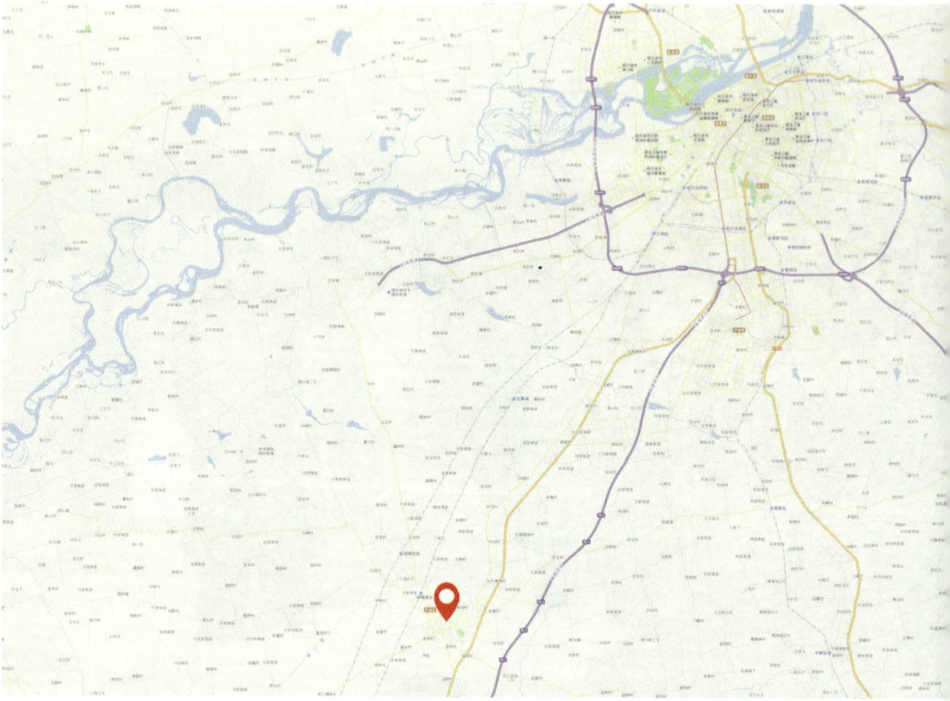

辽沈战役前线指挥部旧址

辽沈战役前线指挥部旧址

史实：解放战争时期的三大战役之一

时间：1948 年 9 月 12 日至 11 月 2 日

现址：黑龙江省双城市昌盛街优干胡同 6 号

文保：2013 年被列为第七批全国重点文物保护单位

1945年8月15日，日本投降后，东北即成为国共两党两军争夺的焦点。9月19日，中共中央提出了“向北发展，向南防御”的战略方针，10月31日，从关内抽调部队组成东北人民自治军，林彪任总司令，彭真任第一政治委员，罗荣桓任第二政治委员。1946年1月，东北人民自治军改称东北民主联军，主要领导人未变。

1946年6月26日，国民党军队向共产党的中原解放区发起进攻，解放战争全面爆发。

1948年1月1日，东北民主联军正式改称东北野战军，林彪任司令员兼政治委员，高岗任第一副司令员，罗荣桓任第一副政治委员，刘亚楼任参谋长。

辽沈战役前线指挥部旧址平面图

1948年9月，林彪、罗荣桓指挥东北野战军发起辽沈战役。由林彪、罗荣桓、刘亚楼组成战役总前委，林彪为书记，统一指挥辽沈战役。至10月，东北野战军切断了北宁路，孤立了锦州。11日，廖耀湘率军由沈阳驰援锦州，被阻止在黑山、大虎山东北地区。

14日，东北野战军对锦州市发起攻击，15日攻克锦州。17日，在东北野战军强大的军事压力和政治争取下，困守长春的曾泽生率部起义。21日，郑洞国投降，长春宣告和平解放。26—28日，东北野战军主力在黑山、大虎山经两天激战，俘虏廖耀湘等多名国民党高级将领。11月2日，解放了沈阳、营口。东北全境解放。

东北野战军辽沈战役前线指挥部旧址始建于1917年，原为吉林省警察厅警备处处长赵冀的私人住宅。建筑面积650平方米，占地面积5760平方米。旧址分东西两院，东院为典型的三合院，一正两厢各五间，建筑面积315平方米。西院为典型的四合院，南、北、东、西各五间房围成一个院落，建筑面积335平方米。

1946年10月，东北民主联军设前线指挥部，秘密迁驻双城县双城堡古城东北隅该处宅院，并于1948年9月中下旬，在双城成功策划了历时52天、歼敌47万余人的辽沈战役。

1998年，在此成立中国人民解放军第四野战军辽沈战役前线指挥部旧址纪念馆。

通讯处、机要处旧址

总司令部旧址

2011年1月，国家发展和改革委员会将哈尔滨市中国人民解放军第四野战军前线指挥部旧址列入《全国红色旅游经典景区第二批名录》。

2013年5月3日，中华人民共和国国务院公布东北民主联军前线指挥部旧址为第七批全国重点文物保护单位。

总司令办公室、卧室

总司令部作战指挥室

淮海战役总前委指挥部旧址

淮海战役总前委指挥部旧址

史实：解放战争时期三大战役之一

时间：1948 年 11 月 6 日至 1949 年 1 月 10 日

现址：安徽省宿州市萧县丁里镇蔡洼村

文保：2006 年被列为第六批全国重点文物保护单位

1948年9月8日至13日，中共中央政治局扩大会议在西柏坡召开。毛泽东提出："我们的战略方针是打倒国民党。战略任务是军队向前进，生产长一寸，加强纪律性，由游击战争过渡到正规战争，建军五百万，歼敌正规军五百个旅，五年左右根本上打倒国民党。"①

1948年9月16日至24日，华东野战军进行济南战役，解放了济南城，俘虏了山东省政府主席王耀武。

济南战役结束时，华东野战军代司令员粟裕向中央军委提出举行淮海战役的建议，主张攻歼淮阴、淮安和海州、连云港之敌，为夺取徐州创造条件。中央军委复电同意粟裕的建议。

11月，华东野战军和中原野战军及部分地方武装进行淮海战役。

11月16日，党中央决定，由刘伯承、陈毅、邓小平、粟裕及谭震林五人组成淮海战役总前委。邓小平为总前委书记。

12月，华东野战军代司令员、代政委粟裕进驻安徽省萧县丁里镇蔡洼杨家台子，设立指挥部，在此后的28天里一直驻守在蔡洼。17日，刘伯承、陈毅、邓小

《决战淮海》，骆根兴，2009年，油画，250 cm × 500 cm，藏于中国美术馆

①中共中央文献研究室：《毛泽东文集》第五卷，人民出版社，1996年，第133页。

平、谭震林相继赶到蔡洼村参加蔡洼会议。会议由邓小平主持，研究渡江作战部署和部队整改方案，并在院内合影留念。

1949年1月10日，淮海战役胜利结束后，粟裕率华东野战军离开蔡洼村。

淮海战役自1948年11月6日至1949年1月10日，分为三个作战阶段：第一阶段歼灭黄百韬兵团；第二阶段歼灭黄维兵团，合围杜聿明集团；第三阶段全歼杜聿明集团。至此，南线国民党军的精锐主力已被消灭，长江中、下游以北广大地区均获解放。

淮海战役总前委指挥部旧址——杨家台子平面图

淮海战役总前委旧址的主体建筑位于蔡洼村中心的杨家台子，房主是一位姓杨的开明地主。该主体建筑原由三排三进九个小院组成，现东侧为三进院，中间和西侧皆为二进院，为清末古建筑群落。建筑面积900平方米，陈列布展面积650平方米，现有刘伯承、邓小平等领导人的旧居和当年总前委会议室等。

由于新中国成立初期土地改革时，将房屋分给了部分农民，因此风貌有不同程度的改变，但基本保持了杨家台子原来的建筑格局。

杨家台子鸟瞰图

淮海战役总前委指挥部旧址——杨家台子

2005年，国家发展和改革委员会将包括宿州市萧县蔡洼淮海战役总前委会议暨华东野战军指挥部旧址在内的安徽省淮海战役系列景区列入《全国红色旅游经典景区第一批名录》。

淮海战役总前委蔡洼会议旧址

2006年5月25日，中华人民共和国国务院公布淮海战役总前委和华东野战军指挥部旧址为第六批全国重点文物保护单位。

2017年11月，国家旅游局公布蔡洼红色旅游区为国家AAA级景区。

淮海战役总前委蔡洼会议会议室

凝眸

——红色建筑遗产

平津战役前线指挥部旧址

平津战役前线指挥部旧址

史实：解放战争时期三大战役之一

时间：1948 年 11 月 29 日至 1949 年 1 月 31 日

现址：天津市西青区杨柳青镇药王庙东大街 4 号

文保：1982 年被列为天津市文物保护单位

1948年11月23日，人民解放军东北野战军主力开始由锦州、营口、沈阳等地出动，向平、津、塘、唐地区挺进。29日，向张家口外围国民党军发起攻击，打响了平津战役。12月上旬，林彪、罗荣桓、刘亚楼等率东北野战军指挥机关进抵蓟县县城南十千米的孟家楼村。11日，成立平津前线司令部。30日，刘亚楼被任命为天津前线指挥部总指挥。当日，刘亚楼从蓟县进驻杨柳青镇，在那里建立了前线指挥部。

1949年1月10日，中共中央决定由林彪、罗荣桓、聂荣臻三人组成平津战役总前委，林彪为书记。1月14日，人民解放军向天津城发起总攻，经过29小时激战，攻克天津。17日，解放塘沽，断绝了敌人的海上逃路。至此，北平20余万守军在解放军的严密包围下完全陷于绝境。1月31日，北平和平解放，平津战役胜利结束。

3月，毛泽东率领中央机关离开西柏坡，进驻北平。10月1日，中华人民共和国中央人民政府成立。

《会师金汤桥》，孙立新、白展望、窦红，2009年，油画，220 cm × 445 cm，藏于中国美术馆

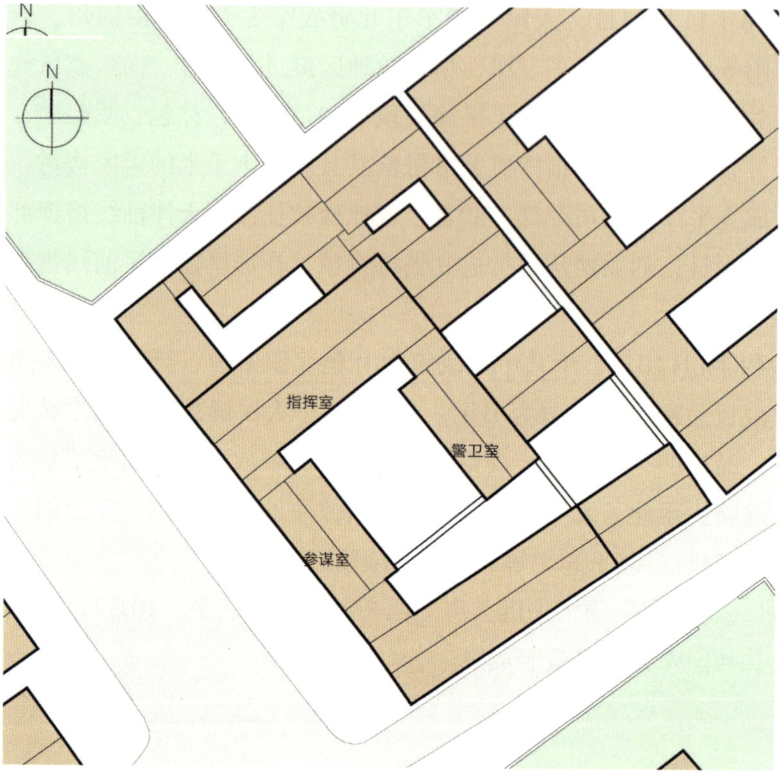

平津战役天津前线指挥部旧址平面图

人民解放军解放天津，会师金汤桥（图片来源：王培军，《平津战役纪念馆故事》，南京，南京出版社，2014）

平津战役天津前线指挥部旧址鸟瞰

平津战役天津前线指挥部旧址入口

天津前线指挥部旧址原为当地的“戴记钱铺”，是一所四合院式清末民宅。院内东侧为警卫室，是负责指挥部人身安全的警卫兵所居住的房间。西侧为参谋室，是参谋人员接受电报，同时向各部队发送作战指示的地方。北侧为作战指挥室，是平津战役总指挥刘亚楼进行战役指挥的所在地。刘亚楼在这里发布的总攻命令。南侧现为平津战役陈列室。

1962年，河北省人民政府公布平津战役前线指挥部旧址为河北省省级文物保护单位。

1982年7月9日，天津市人民政府公布平津战役指挥部旧址为天津市文物保护单位。

1994年5月，天津市人民政府公布平津战役指挥部旧址为天津市爱国主义教育基地。

2006年6月17日，天津市人民政府公布平津战役指挥部为天津市历史风貌建筑。

2019年10月7日，中华人民共和国国务院公布平津战役前线司令部旧址为第八批全国重点文物保护单位。

平津战役天津前线指挥部旧址内院

渡江战役总前委指挥部旧址

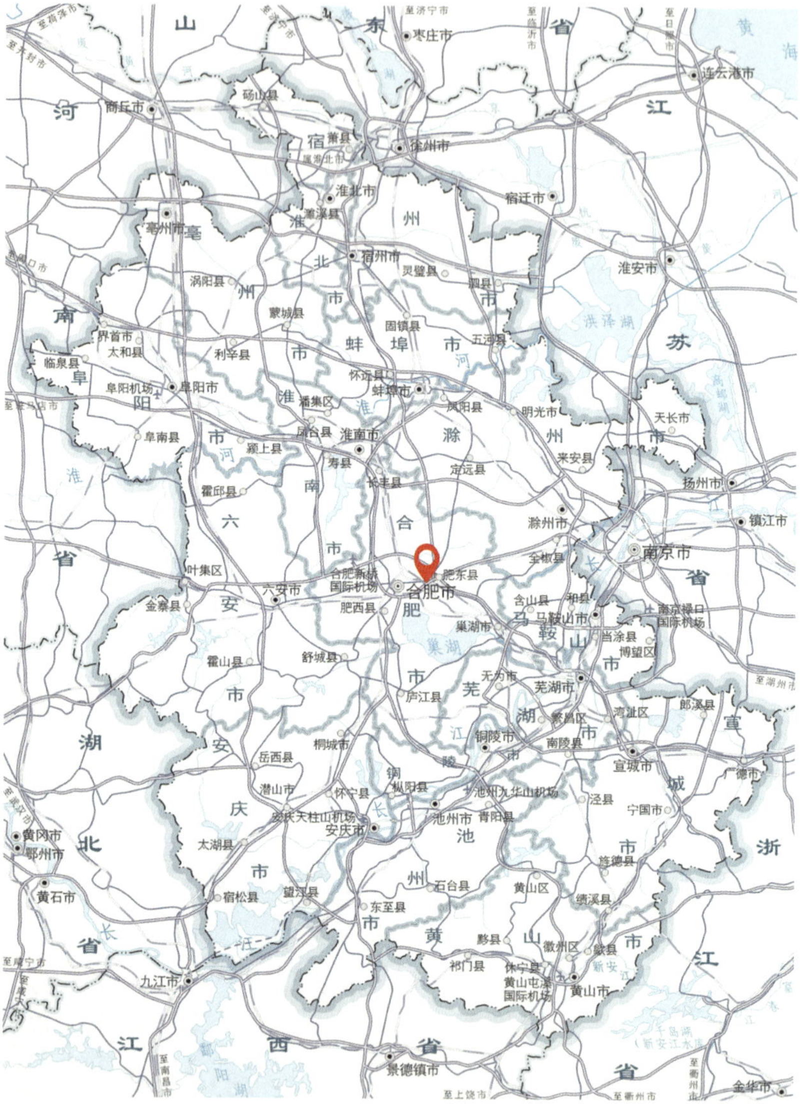

渡江战役总前委指挥部旧址

史实：解放战争时期的战争之一

时间：1949 年 4 月 20 日至 6 月 2 日

现址：安徽省合肥市肥东县撮镇瑶岗村

文保：1996 年被列为第四批全国重点文物保护单位

在辽沈战役、淮海战役、平津战役之后，风雨飘摇的国民党政府打着和平谈判的幌子，积极部署长江防线。1949年2月11日，中共中央军委依据向长江以南进军的既定方针，由淮海战役总前委原班人马，第二野战军的刘伯承、邓小平和第三野战军的陈毅、粟裕、谭震林组成渡江战役总前委指挥，邓小平任书记。

1949年4月20日，国民党政府最后拒绝在《国内和平协定（最后修正案）》上签字。21日，中国人民革命军事委员会主席毛泽东和中国人民解放军总司令朱德发出向全国进军的命令，命令中国人民解放军“奋勇前进，坚决、彻底、干净、全部地歼灭中国境内一切敢于抵抗的国民党反动派，解放全国人民，保卫中国领土主权的独立和完整”。20日晚至21日，中国人民解放军第二、第三野战军在第四野战军先遣兵团和中原军区部队配合下，发起渡江战役，在西起湖口、东至江阴的千里战线上强渡长江，迅速突破国民党军的长江防线。

4月23日，解放军占领国民党统治中心南京，宣告延续22年的国民党反动统治覆灭。

《渡江战役》（图片来源：董伟，《诞生：共和国孕育的十个月》，北京，东方出版社，2019年。此照片原件陈列于中国军事博物馆）

《攻占总统府》，陈逸飞、魏景，460 cm × 335 cm，1977 年，藏于中国人民革命军事博物馆

人民解放军冲破长江天险、解放南京的消息传到北平，毛泽东挥笔题诗《七律·人民解放军占领南京》。

钟山风雨起苍黄，百万雄师过大江。

虎踞龙盘今胜昔，天翻地覆慨而慷。

宜将剩勇追穷寇，不可沽名学霸王。

天若有情天亦老，人间正道是沧桑。

6月2日，中国人民解放军解放了崇明岛，至此，渡江战役结束。

渡江战役历时42天，人民解放军以木帆船为主要航渡工具，一举突破国民党军的长江防线，解放了南京、上海、武汉等大城市，江苏、安徽两省全境和浙江省大

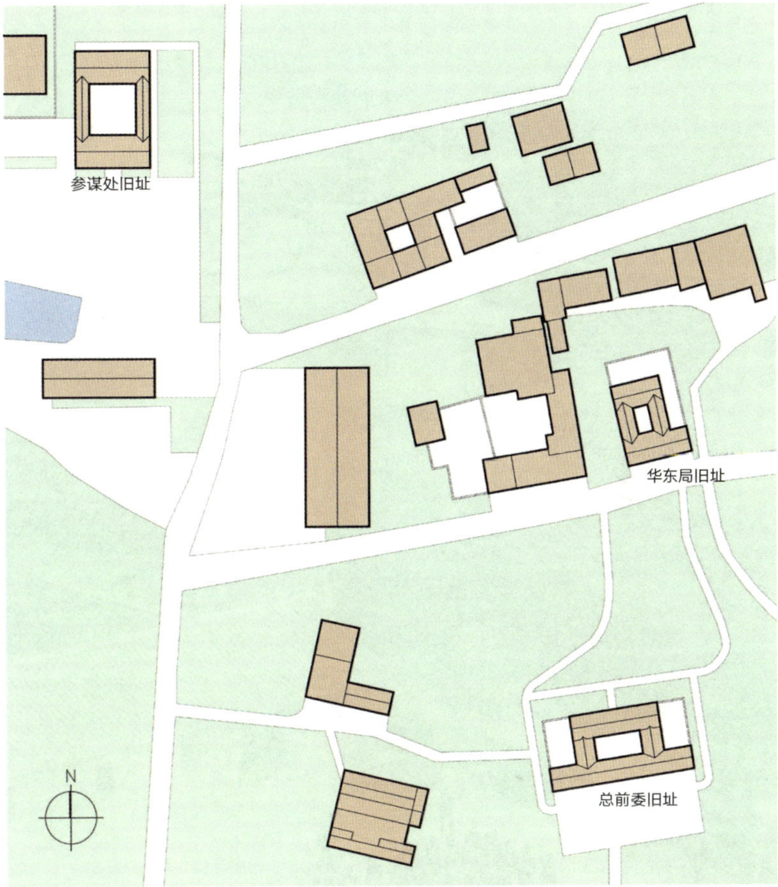

渡江战役总前委旧址平面图

部及江西、湖北、福建等省各一部分地区，为尔后解放华东全境和向华南、西南地区进军创造了重要条件。

渡江战役总前委旧址位于安徽省肥东县撮镇瑶岗村，1949年3月20日，饶漱石、张鼎丞、曾山率中共中央华东局机关和华东军区机关先行进驻。3月28日，邓小平和陈毅率总前委机关进驻瑶岗，代表总前委统一指挥渡江作战。渡江成功后，4月27日，总前委、华东局、华东军区离开瑶岗向江南进发。

总前委旧址群原是清末五品顶戴中书科中书衔太学生王景贤的宅第，占地面积近24000平方米，建筑面积3000平方米，现存有总前委旧址、中共中央华东局旧址、总前委机要处旧址、总前委秘书处旧址和后勤处、警卫营、总前委医院、防空洞、墩塘等。

渡江战役总前委与华东局机关旧址鸟瞰图

渡江战役总前委旧址，从左至右分别为总前委机要处、总前委指挥部、总前委秘书处旧址

总前委指挥部二进院正屋

总前委会议室

总前委旧址原为三座两进四厢四合院，渡江战役总指挥部设在中间正院，陈毅、邓小平亦居住于此。二进院正厅是总前委会议室。

西院机要处旧址原是王景贤二弟的住宅，东院秘书处旧址原是王景贤四弟的住宅，现二进院正屋皆已不存。

华东局旧址原是王景贤三子王万沂的住宅。东间是书记饶漱石、副书记康生的办公、住宿处，西间是常委张鼎丞、曾山、魏文伯的工作、生活处。

总前委旧址群均为清末徽派建筑，青砖小瓦，风火高墙，飞檐翘角。室内雕梁画栋，屏门格扇，古朴典雅。

1996年11月20日，中华人民共和国国务院公布渡江战役总前委旧址为第四批全国重点文物保护单位。

2009年5月21日，中共中央宣传部公布渡江战役总前委旧址纪念馆为第四批全国爱国主义教育示范基地之一。

2011年1月，国家发展和改革委员会公布合肥市肥东县渡江战役总前委旧址为《全国红色旅游经典景区第二批名录》。

2013年1月29日，国家旅游局公布瑶岗渡江战役总前委旧址为国家AAAA级旅游景区。

中共中央华东局旧址

附录　调研小组在红色遗址现场

中国共产党第一次全国代表大会纪念馆

精神　光耀千

輔德里
中共二大會址紀念館

八七會議會址
鄧小平題

后记

2021 年年初，在得到党史学习教育的通知要求后，希望能为党史学习教育做些应尽的工作。笔者与天大出版社郭颖老师商议后一拍即合，报送出版社宋雪峰书记、校党委宣传部吕静部长和校社科处张俊艳处长后得到一致认可，决定依托天津大学建筑学院的专业优势，编制一本关于红色建筑遗产的学术类专著。建筑学院随即组织了师生开展工作。经过多次商讨决定在 240 处红色建筑遗产中选择在中国共产党发展史上 50 个最为重要历史事件的建筑载体开展调研。学院先后派出了十余支调研和摄影队，赴红色遗产的现场开展调研和拍摄工作。每个调研摄影小组都带着小型无人机进行现场航拍，以期得到最佳角度和全景照片。有些地方受到天气、疫情、维修等情况的影响，去了两次才拍到较为理想的照片。有些遗址因为所处地点比较偏僻，且新冠肺炎疫情期间交通不畅，便委托当地的天津大学校友甚至亲朋好友前往拍照，以期获得第一手资料。

建筑学院以研究红色建筑遗产为契机，将党史学习教育有效落实到社会实践活动中，以“行走课堂”的教学方式促进学生成长。围绕红色建筑遗产调研所开展的活动，在 2021 年荣获全国“百年红船正青春”宣讲大赛三等奖、天津市大学生课外学术科技作品竞赛二等奖、天津大学学生工作十佳案例、黎明基金重点实践队、天津大学优秀实践报告等多项殊荣。本书还入选了“天津大学社会科学文库”。宋昆教授在此调研成果的基础上录制了“挖掘红色遗产中传承红色精神”的主题党课，并入选天津大学党史学习教育课程思政教学案例。

红色建筑遗产调研和写作历时一年多的时间，前后共计 40 余人参与了此项工作，终于完成本书，以此向党史学习教育交上一份答卷。

参与本书编写工作的人员

1. 中国共产党第一次全国代表大会会址，文字：刘丹青，摄影：孔德博、韩轩、张吉钊。

2. 中国共产党第二次全国代表大会会址，文字：刘丹青，摄影：孔德博、韩轩、张吉钊。

3. 中国共产党第三次全国代表大会会址，文字：刘丹青，摄影：李扬淑。

4. 中国共产党第四次全国代表大会会址，文字：刘丹青，摄影：孔德博、韩轩、张吉钊、徐源。

5. 中国共产党第五次全国代表大会会址，文字：刘丹青，摄影：钟硕、程丽。

6. 八一南昌起义指挥部旧址，文字：赵乾琨，摄影：王磊、陈进。

7. 八七会议会址，文字：赵乾琨，摄影：钟硕、程丽。

8. 湘赣边界秋收起义前敌委员会旧址，文字：赵乾琨。

9. 井冈山茅坪八角楼毛泽东旧居，文字：赵乾琨，摄影：王磊。

10. 广州公社旧址，文字：赵乾琨，摄影：汪欣。

11. 中国共产党第六次全国代表大会会址，文字：刘丹青。

12. 百色起义总指挥部旧址，文字：赵乾琨，摄影：钟硕、程丽。

13. 古田会议会址，文字：赵乾琨，摄影：陈进。

14. 中华苏维埃第一次全国代表大会会址，文字：赵乾琨，摄影：王磊。

15. 两当兵变旧址，文字：赵乾琨，摄影：王浩天。

16. 中华苏维埃共和国第二次全国代表大会会址，文字：赵乾琨，摄影：张益豪。

17. 中央红军长征出发地旧址，文字：赵乾琨，摄影：王磊、张益豪。

18. 陕甘边区苏维埃政府旧址，文字：来琳、刘恒羊，摄影：刘恒羊。

19. 遵义会议会址，文字：赵乾琨，摄影：钟硕、程丽。

20. 红军一、四方面军会宁会师旧址，文字：赵亚男，摄影：赵亚男、李涵璟、肖天意。

21. 哈达铺红军长征旧址，文字：赵亚男，摄影：赵亚男、汪梦媛、卢韵竹。

22. 瓦窑堡会议会址，文字：赵亚男，摄影：来琳、韩轩、孔德博。

23. 红军一、二、四方面军会师旧址，文字：赵亚男，摄影：赵亚男、汪梦媛、卢韵竹。

24. 中共中央凤凰山麓旧址，文字：来琳，摄影：来琳、韩轩、孔德博、韩修平。

25. 中央军委、八路军总部王家坪旧址，文字：来琳、刘恒羊，摄影：刘恒羊、韩轩、孔德博、韩修平。

26. 洛川会议会址，文字：赵亚男，摄影：赵乾琨、韩轩、孔德博。

27. 平型关战役遗址，文字：赵亚男，摄影：赵亚男、章涛、孔德博。

28. 陕甘宁边区政府旧址，文字：来琳，摄影：来琳、韩轩、孔德博、韩修平

29. 八路军武汉办事处旧址，文字：张云鹏，摄影：钟硕、程丽。

30. 新四军云岭军部旧址，文字：赵亚男，摄影：钟硕、程丽。

31. 中国共产党六届六中全会会址，文字：来琳、郑星，摄影：郑星、韩轩、孔德博、韩修平。

32. 八路军一二〇师司令部旧址，文字：赵亚男，摄影：赵亚男、章涛、孔德博。

33. 杨家岭中共中央领导人旧居，文字：来琳，摄影：来琳、韩轩、孔德博、韩修平。

34. 八路军驻重庆办事处旧址，文字：赵亚男，摄影：万展志。

35. 八路军总司令部旧址，文字：赵亚男，摄影：赵亚男、章涛、孔德博。

36. 百团大战总指挥部旧址，文字：赵亚男，摄影：赵亚男、章涛、孔德博。

37. 八路军一二九师司令部旧址，文字：赵亚男，摄影：马玉洁、胡洺泷、刘维峰。

38. 八路军一一五师司令部旧址，文字：赵亚男，摄影：安学军、李倩雯。

39. 延安整风运动会场旧址，文字：来琳，摄影：来琳。

40. 中共中央书记处枣园旧址，文字：来琳，摄影：来琳、韩轩、孔德博、韩修平。

41. 中国共产党第七次全国代表大会会址，文字：来琳，摄影：来琳、韩轩、孔德博、韩修平。

42. 重庆谈判旧址，文字：张云鹏，摄影：赵亚男、李涵璟、肖天意。

43. 中国共产党代表团南京办事处旧址，文字：张云鹏，摄影：马尚婧。

44. 刘邓大军千里跃进大别山前方指挥部旧址，文字：张云鹏，摄影：张云鹏、庞子轩。

45. 中共中央转战陕北杨家沟旧址，文字：来琳、郑星，摄影：郑星。

46. 中共中央西柏坡旧址，文字：来琳，摄影：来琳、孟晓月。

47. 辽沈战役前线指挥部旧址，文字：张云鹏，摄影：黄策。

48. 淮海战役总前委指挥部旧址，文字：张云鹏，摄影：张云鹏、庞子轩、秦楠。

49. 平津战役前线指挥部旧址，文字：张云鹏，摄影：张云鹏、韩轩。

50. 渡江战役总前委指挥部旧址，文字：张云鹏，摄影：张云鹏、庞子轩、秦楠。

宋昆负责全书的策划和全部文字的修改统稿，王鑫负责全部摄影工作的组织安排。

王卫娜负责所有条目中位置图的筛选与绘制，刘金日负责所有条目中旧址或建筑平面图的绘制。

特别感谢杨贤金书记在百忙当中为此书写序，既是对我们既往工作的认可，也是对今后工作的鞭策。让凝结在红色建筑遗产上的红色精神，成为我们不断前行的精神动力。

参考文献

[1]《中国共产党简史》编写组．中国共产党简史 [M]．北京：中国共产党出版社，人民出版社，2021.

[2] 中共中央党史研究室．中国共产党历史第一卷（1921—1949）[M]．北京：中共党史出版社，2021.

[3] 中共中央党史研究室．中国共产党的九十年 [M]．北京：中共党史出版社，2018.

[4] 章百家．中国共产党100年100事 [M]．北京：中共党史出版社，2021.

[5] 王东方．中国革命的延安之路 [M]．北京：人民出版社，2019.

[6] 石永言．遵义会议出席人员新探 [J]．文史天地，2001(2):4.

[7] 中共中央组织部．中国共产党组织建设一百年 [M]．北京：党建读物出版社，2021.

[8] 肖纯柏．建党往事：中国共产党的创建研究 [M]．北京：人民出版社，2024，40.

[9] 罗平汉．中共党史知识问答 [M]．北京：人民出版社，2021.34.

[10] 中共中央党史研究室．中国共产党历史（上卷）[M]．北京：人民出版社，1991，225，793-794.

[11] 金冲及．毛泽东传(1893—1949)[M]．北京：中央文献出版社，2004，156.

[12] 项英．项英文集（下）[M]．北京：人民出版社，2019，1293.

[13] 吴汉全．中国现代政治史（中卷）[M]．北京：人民出版社，2015，630.

[14] 曲涛．陕甘边根据地研究 [M]．北京：人民出版社，2020，385-388.

[15] 北京日报《纪事》采写组．初心与抉择：转折关头的中国共产党人 [M]．北京：人民出版社，2018，161.

[16] 曾志刚，袁俊，蔡泉水．红色旅程·延安 [M]．北京：人民出版社，2013，34.

[17] 谭虎娃．历史的转折：中共中央在延安十三年 [M]．北京：人民出版社，2018，44-45.

[18] 中共中央宣传部．中国共产党宣传工作简史（上册）[M]．北京：人民出版社，2022，108.

[19] 中共中央文献研究室，中央档案馆．建党以来重要文献选编（1921—1949）第二十四册 [M]．北京：中央文献出版社，2011，262.

[20] 毛泽东选集介绍 [M]．北京：人民出版社，1963，22.

我的红色足迹

地点 ________ 时间 ________

地点 ________ 时间 ________

地点 ________ 时间 ________

地点 ________ 时间 ________

地点 ________ 时间 ________

地点 ________ 时间 ________

地点 ________ 时间 ________

地点 ________ 时间 ________

地点 ________ 时间 ________

地点 ________ 时间 ________

地点 ________ 时间 ________

地点 ________ 时间 ________